GOTOP

Photoshop
商品照片抠图
技法解密 网店美工从菜鸟到行家

◆杨比比／著　　◆适用于 Photoshop CS6／CC

U0363279

人民邮电出版社
北 京

感 谢

卡西娘娘
淑萍妹妹
二姊夫
狼叔叔
小鱼妹
Teddy Wei
Steven Kung

以及
亲爱的女儿与老公

常见用语

单击：鼠标左键点击指定位置。

双击：鼠标左键快速按两次。

资源下载说明

本书附赠案例配套素材文件及多媒体教学视频。扫描"资源下载"二维码，关注"ptpress摄影客"微信公众号，即可获得下载方式。在资源下载过程中如有疑问，可通过客服邮箱与我们联系。

客服邮箱：songyuanyuan@ptpress.com.cn

扫一扫 学摄影

资 源 下 载

扫 描 二 维 码
下 载 本 书 配 套 资 源

目录

第1章 Chapter 抠图概念整合

第2章 Chapter 抠图基础工具
入门篇

第2章 Chapter 抠图基础工具入门篇

第3章 图层通道抠图进阶篇
Chapter

第3章
Chapter

图层通道抠图进阶篇

第3章
Chapter

图层通道抠图
进阶篇

第4章 Chapter 矢量路径抠图
专业篇

第**4**章
Chapter

矢量路径抠图
专业篇

第5章
Chapter

商业影像编辑
美化篇

第6章
Chapter

商业网拍照片
机密篇

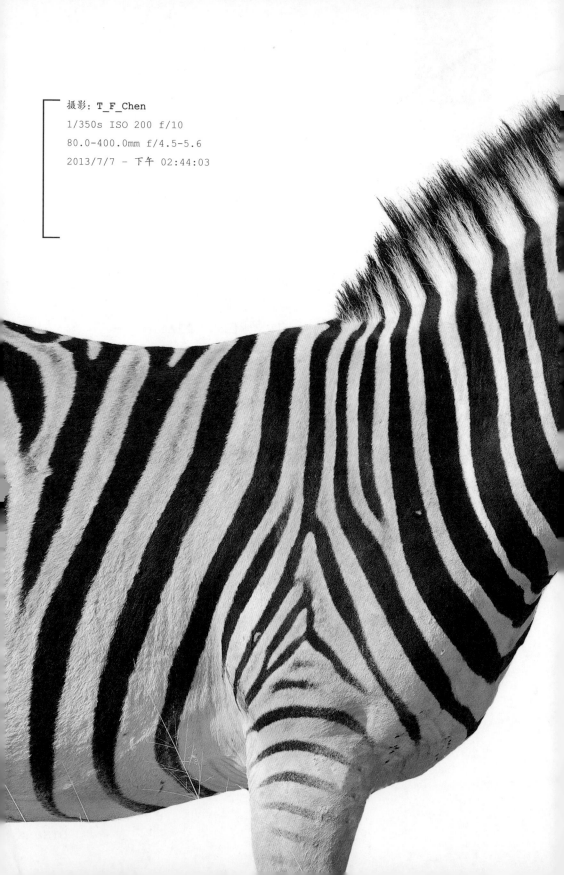

摄影: T_F_Chen
1/350s ISO 200 f/10
80.0-400.0mm f/4.5-5.6
2013/7/7 - 下午 02:44:03

第1章
抠图概念整合

瞧见斑马肚子下方的几株杂草了吗？杨比比特别留下这几条痕迹，就是为了提醒大家，只学抠图是不够的，美化与修饰影像也相当重要。

抠图第一步
先把屏幕擦干净

不用看封面，大家没买错，这是一本用Photoshop对影像进行抠图的书籍。"为什么要擦电脑屏幕呢？"摸着良心说，没有在屏幕前吃过东西的大家请举手。大家窝在屏幕前吃三餐已经是习以为常的事了，各种汤汁喷洒在屏幕上，什么颜色的都有，什么痕迹都不缺，杨比比还没提打喷嚏这件事呢！

屏幕该怎么清洁

哈一口气，用卫生纸擦擦，可以吗？嗯！那是擦学校的窗户吧！哈出来的气体可能偏酸性，唾液也可能喷在屏幕上，卫生纸还可能刮伤屏幕。因此，建议大家使用保养相机镜头的方式进行屏幕清洁。以下是杨比比清洁屏幕的方法。

—— 使用橡皮吹球，先吹去屏幕上比较大的颗粒或灰尘；
—— 准备一块眼镜布（或擦镜纸）；
—— 将清洁液滴在眼镜布上，擦拭屏幕；
—— 对于比较顽固的斑点，可以使用棉花棒沾清洁液擦除。

清洁完成后，如果屏幕上出现些微的清洁剂痕迹（如水痕），请准备另一块干净的眼镜布（或擦拭纸）再次擦拭。大家要记住，屏幕不是烧焦的锅底，不需要发狠地擦，动作要轻柔，应该就能把屏幕清理得很干净。

一定要用屏幕清洁剂吗

杨比比的艺卓（EIZO）显示器有专用的清洁剂，几年下来还没出什么大错，但如果大家的屏幕已经贴上了保护贴或是镀了层膜，那眼睛布上蘸点清水（不要顺手蘸杯子里的茶）应该就能擦掉屏幕上的痕迹，说句老话，"下手不要太狠"。

检查
Photoshop的版本

　　不到几年的时间，Photoshop由CS5、CS6更新为CC版本，大家可以在Adobe官网上查询最新行情。现在请大家从菜单栏中的"帮助"菜单中执行"关于Photoshop"命令，在显示的界面中了解手上的Photoshop版本。

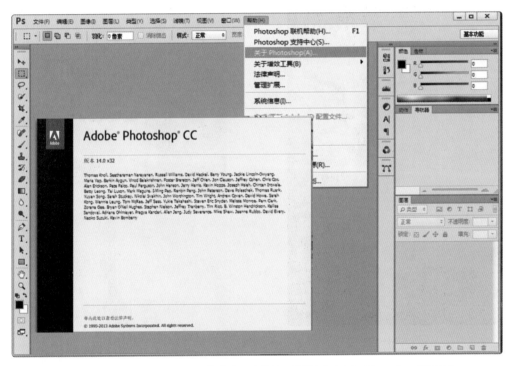

▲ 在"帮助"菜单中执行"关于Photoshop"命令，目前显示的版本为Adobe Photoshop CC 14.2

挑选
适合抠图的照片

　　如果是商业摄影，那就没有什么挑片的问题。因为考虑到背景与产品的色彩对比性、光线照射的全面性，以及整体的清晰度，商品摄影几乎都会在小光圈的环境下进行，这样得到的每一张照片都清晰锐利，能快速抠图。

　　但一般摄影就不是这么回事，往往是拍好了，为了后期方便，才想到抠图。这种临时起意的抠图想法，如果要能落实，有几点需要考虑。

主体清晰、完整

色彩反差大、主角不能模糊

　　抠图就是拿掉背景，保留主体。这只位于纳米比亚草原的羚羊虽然聚焦清晰，可惜四肢落在杂草堆中，不容易抠图，很难完整地将它从背景中选取出来。这算硬柿子，能不碰就不碰。

　　杨比比迷恋的浅景深这时候就不管用了。抠图的主角需要完整而清晰，这时候浅景深反而坏事。而且背景色彩与羚羊颜色相近，这也是比较复杂的抠图主体，能避开就避开。

柿子
得挑软的捏

　　杨比比对于这种临时起意找你改的抠图照片通常会观察：主体是否完整（不要溢出取景框）、对焦够不够清晰、色彩反差是不是很大。如果符合这三个要求，那肯定是相当符合标准的"软柿子"，谁走过都能捏上一把。

　　现在让我们一起来看看可以算作梦幻级的抠图照片，兼具主体完整清晰、对焦明确，且背景与主角色彩反差极大的照片。

脖子上的阴影坏事

　　小羚羊对焦清晰、体型完整，且与水面色彩反差极大，如果避开脖子上那大块阴影不看，的确是很好的抠图素材，现在大家知道，好的抠图主体，真是可遇不可求！

极品抠图素材

　　翱翔于蓝天的白鹳完整、清晰、受光均匀，且与背景的色彩反差大，只要使用魔棒工具，应该就能完成大部分的抠图工作，实在是极佳的抠图素材。

Photoshop 抠图新感受

Created by Yangbibi

适用版本 CS6\CC
参考案例 素材\01\Pic001.JPG

　　大家别紧张，第一次抠图练习绝不是考验各位，只是想让大家了解抠图、认识抠图，并熟悉Photoshop的工作环境，放轻松，跟着步骤一起来。

A：打开素材文件

1. 双击Pic001.JPG文件缩览图。
2. 照片在编辑区中打开。
3. 选项卡中显示文件名称。
4. 双击Mini Bridge选项卡收起面板。

　　建议大家将Mini Bridge面板放置在视窗下方，横向摆放，方便查看文件夹内的缩览图，也比较节省屏幕空间。

▲从菜单栏的"窗口"-"扩展功能"中打开"Mini Bridge"

B：查看图层内容

1. 单击图层按钮。
2. 打开图层面板。
3. JPG格式的文件只有背景图层。
4. 用鼠标右键单击图层面板空白处。
5. 从弹出的下拉列表中选择"大缩览图"，放大图层中的影像缩览图。

　　杨比比老视，需要使用大缩览图。视力还不错的大家，可以使用"中缩览图"，比较不占据图层面板的空间。

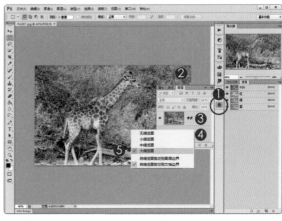

▲从菜单栏的"窗口"中打开"图层"面板

C：置入已抠出的PNG格式图片

1. 双击Mini Bridge选项卡展开Mini Bridge面板。
2. 拖曳Pic002.PNG缩览图。
3. 将缩览图拖曳到编辑区中。
4. 拖曳长颈鹿调整显示位置。
5. 新增Pic002图层。
6. 单击"√"按钮完成置入。

　　别急！杨比比看到了，长颈鹿脖子上的白色色块就是留给大家的功课，准备好，我们就可以开始进行第一次的抠图操作了。

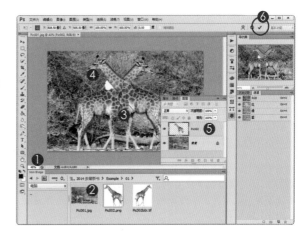

D：置入的图片完全透明

1. 单击"移动工具"。
2. 单击选取 Pic002 图层。
3. 拖曳编辑区中的长颈鹿。

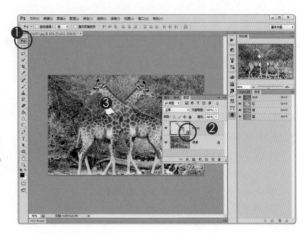

　　Pic002缩览图下方的图标（红圈处）表示图片为智能对象，不论放大或缩小，都能以最小的变形量显示，不受滤镜或是调整指令破坏，是 Photoshop 保护图片的一种方式。

E：查看脖子区域

1. 单击"缩放工具"。
2. 确认勾选"细微缩放"复选框。
3. 将放大镜图标移动到脖子上，向右拖曳放大镜图标拉近图片。

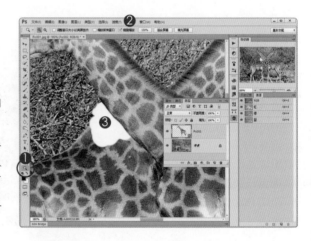

　　当图片超出视窗显示范围后，大家可以按住键盘上空格键不放，即会切换到"抓手工具"，请用"抓手工具"拖曳调整查看区域。查看功能还不熟练的大家，记得多多练习几次，调整视窗图片的显示范围，对抠图来说，是非常重要的，一定要加强。

F：新增图层蒙版

1. 确认选取抠出的长颈鹿图层。
2. 单击图层蒙版按钮。
3. 新增白色蒙版。

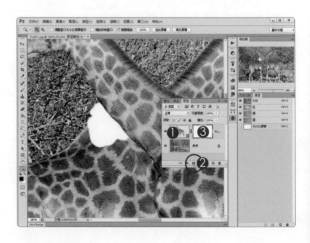

　　大家不要慌，图层蒙版并不吓人，它很友善的。接下来请配合书上的步骤，不要漏看任何一行，就能顺利完成遮掉白色色块的动作了。

G：选择一支好用的笔刷

1. 单击"画笔工具"。
2. 指定前景色为黑色。
3. 单击笔尖图案按钮。
4. 设置笔尖大小为20像素。
5. 设置笔刷边缘硬度为100%。

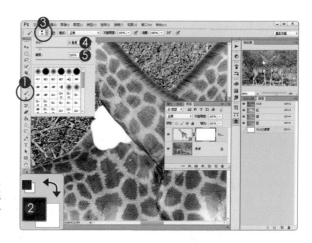

　　无论工具箱下方的前景色是什么颜色，大家都可以按"D"键将前景色/背景色还原为黑、白两色，再按"X"键对调前景色/背景色。请确认前景色为黑色。

H：遮掉白色

1. 单击图层色蒙版，蒙版外会显示4条框线。
2. 拖曳画笔擦拭白色色块。

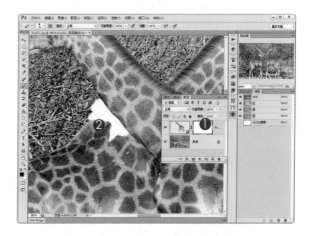

　　如果擦过头，长颈鹿脖子会缺掉一块，请按"X"键将前景色改为白色，使用白色画笔，擦拭黑色痕迹就可以了。

I：非常完美

1. 图层蒙版上显示黑色画笔。
2. 遮住白色色块完成抠图处理。

　　有那么一点想法了吧！如果有时间、有眼力、有体力，可以使用蒙版搭配黑白画笔，慢慢地将照片中不用的区域一块块刷掉，这就是Photoshop抠图的中心思想。

J: 1:1显示原图

1. 双击"缩放工具"。
2. 以100%显示原图。

试着单击"移动工具"（红圈处），并单击抠出的长颈鹿缩览图，拖曳改变长颈鹿显示位置的同时，会发现图层蒙版是配合着图层影像一起移动的。

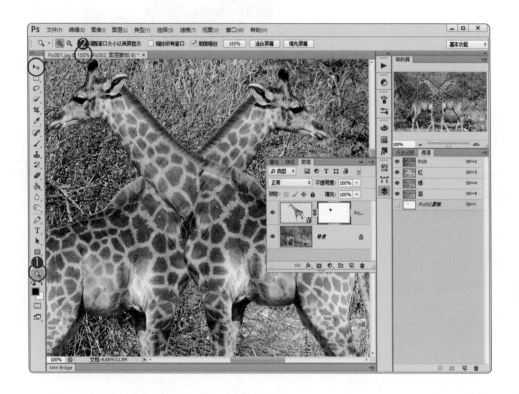

Photoshop
的透明区域

　　基本上来说，透明就是看不见，但看不见应该怎样处理呢？因此，Photoshop以灰白相间的方格来表示透明区域，这样的区域能显示在图层中，也能表现在影像的编辑区域内，让我们一起来看看什么是透明区域。

灰白相间的方格表示透明区域

　　长颈鹿周围灰白相间的方格表示的就是透明区域，图层面板中的透明区域也以相同的方式来标示，即便是新增的图层，也是以灰白相间的方格来表示透明。

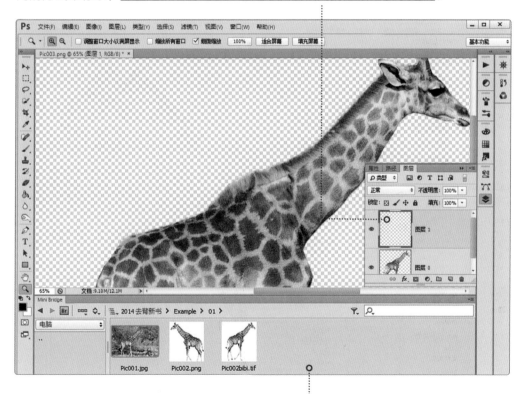

Mini Bridge不能显示透明

　　Mini Bridge不能显示透明区域，即便已经完成了抠图，也存储为了抠图需要的正确格式，Mini Bridge面板中的缩览图还是以白色表示透明区域。

控制
透明区域的显示

　　以灰白相间的方格来表示透明区域是一种最不影响视觉效果的温和表现，如果灰白方格仍然造成影像上的错觉（例如，抠出一只灰色的老鼠）可以考虑变更透明区域的颜色，借以突显抠出的主体。我们来看看具体的做法。

执行"编辑"-"首选项"-"透明度和色域"命令

　　打开"首选项"下拉列表中的"透明度和色域"后，可以通过"透明区域设置"对话框中的"网格大小"与"网格颜色"进行透明区域的设定与调整。

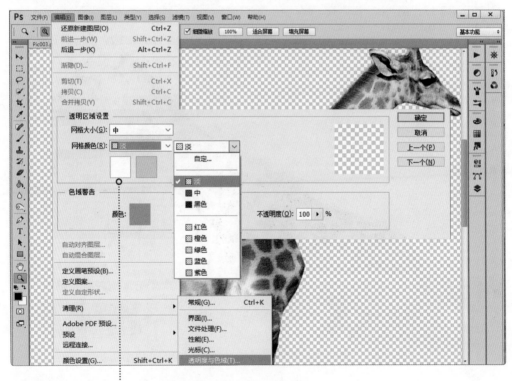

依据抠出的主体变更透明区域的颜色

　　除了通过"网格颜色"选项变更透明区域的颜色之外，还可以直接单击网格颜色选项下方的两个色块，通过"拾色器"来进行自定义。

抠完图
得存对格式

"杨比比！照片已经抠完图了，但为什么还是白色背景？"只要看到这样的问题，杨比比就头皮发麻，这是格式问题呀！花了半天时间、消耗了大量的眼力（眼睛也是成本呀），却存储错了格式，真是令人惋惜。大家一定要专心看完这两页。

Photoshop专用首推格式：PSD、TIFF

如果是Photoshop内部进行编辑，为确保影像品质完整、画质细腻，建议大家将抠出来的影像存为Photoshop专用格式PSD，或者是具有压缩功能又不破坏画质的TIFF格式。PSD、TIFF格式都能保留透明区域，并记录原始的影像图层状态。

▲灰白相间的方格（也有人称为"马赛克"）表示此范围是透明区域

Office软件与网页专用格式：PNG、GIF

如果要将抠出的影像使用在Office软件或是网页中，请大家将文件存为PNG或是GIF格式。当然，PNG与GIF格式文件也能在Photoshop中打开和编辑，但是画质与颜色都会有些差异，不如TIFF与PSD格式来得细腻。

PNG格式文件色彩丰富、层次分明

PNG是一种包含透明色彩的点阵图格式。其实PNG的色彩层次相当优越，因此我们常在简报或是Word文件中使用PNG格式。

GIF格式文件仅能显示256色

GIF格式在Photoshop中称为索引色模式，仅支持256色以内的图像，因此色彩层次不如PNG格式丰富。但是文件小、体积轻巧，使用在网页中是很具有优势的。

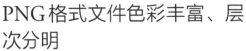

存储
抠出来的影像

Created by Yangbibi

适用版本 CS6/CC
参考案例 素材\01\Pic003.PSD

　　这张素材图片对焦清晰、色彩反差极大，是任谁都能捏一把的软柿子，当然得杨比比自己下手，大家只要学习如何存储影像就可以了！

A：打开素材文件

1. 打开Mini Bridge面板。
2. 双击Pic003.PSD缩览图。
3. 文件在编辑区中打开。

　　这张图片中鹈鸟清晰且色彩反差极大，实在是很典型的抠图案例，唯一的问题就是拍摄主体超出了取景框，导致没拍摄到完整的翅膀，真是太可惜了！

　　对了！记得双击Mini Bridge面板选项卡，将面板收起来，多争取一点影像编辑的空间。

▲从菜单栏的"窗口"–"扩展功能"中打开"Mini Bridge"

B：关闭不用的图层

1. 单击图层面板按钮。
2. 打开图层面板。
3. 单击背景图层前的眼睛图标，关闭背景图层。
4. 表示透明的灰白方格出现。

　　即便已经完成了抠图，也要注意控制图层。该关闭的图层没关上，就算我们存好文件、存对格式，还是能看到背景色彩。

C：Photoshop专用PSD

1. 确认图片背景为透明。
2. 选择"文件"菜单。
3. 执行"存储为"命令。
4. 输入文件名。
5. 选择保存类型为"PSD;PDD"。
6. 勾选"图层"复选框。
7. 单击"保存"按钮。
8. 勾选"最大兼容"复选框。
9. 单击"确定"按钮。
　　Photoshop专用格式，当然是Photoshop专用，不适合也不能使用在其他平台中。

D：影像界广泛支持的格式：TIFF

1. 确认图片背景为透明。
2. 选择"文件"菜单。
3. 执行"存储为"命令。
4. 选择保存类型为"TIFF"。
5. 记得勾选"图层"复选框。
6. 单击"保存"按钮。
7. 参考杨比比的影像压缩设定。
8. 单击"确定"按钮。

　　TIFF是一款横跨在Photoshop与印刷界的超级格式，受到影像界的广泛支持。这本书中所有图片都是TIFF格式的。

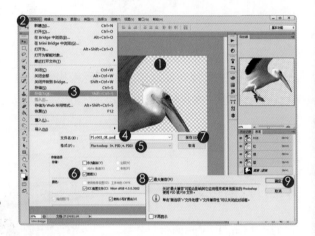

▲从菜单栏的"窗口"中打开"图层"面板

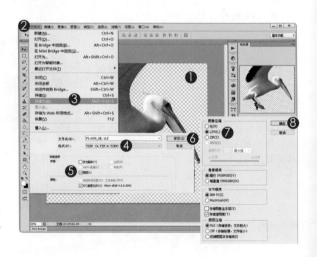

E：Office软件中常用的插图格式：PNG

1. 选择"文件"菜单。
2. 执行"存储为"命令。
3. 选择保存类型为"PNG"。
4. 单击"保存"按钮。
5. 使用最小压缩格式。
6. 单击"确定"按钮。

　　PNG格式不仅能记录透明区域，还能保留层次丰富的全彩影像，适合用在PowerPoint简报与Word文档中。

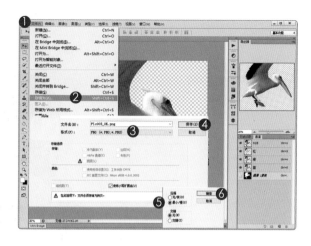

F：网页常用的抠图格式：GIF

1. 选择"文件"菜单。
2. 执行"存储为"命令。
3. 选择保存类型为"PNG"。
4. 单击"保存"按钮。
5. 在强制下拉列表中选择"黑白"模式。
6. 勾选"透明度"复选框。
7. 单击"确定"按钮。

　　GIF格式会将影像颜色压缩到256以下，文件虽小，但容易产生色彩劣化。建议强制模式采用"黑白"，这样可以多保留一些彩色细节。

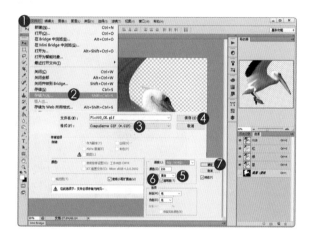

G：查看Mini Bridge缩览图

1. 双击Mini Bridge 面板选项卡展开面板。
2. 刚刚存好的四个格式都是白色背景。

　　试着双击Mini Bridge 面板内的抠图文件缩览图，将文件在编辑区中打开，看看我们有没有把透明区域保留下来。

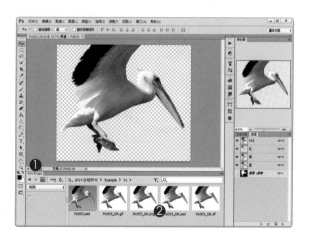

摄影: Steve Kung
1/10s ISO 200 f/11
60.0mm f/2.8
2014/2/19 下午15:00:09

第 2 章
抠图基础工具

入 门 篇

Created by Yangbibi

裁剪工具
抓出需要的范围

适用版本 CS6/CC
参考案例 素材\02\Pic001.JPG

当我们看到照片时，如果能够随意抓出需要的范围，这就是抠图需要的技能了！现在我们一起来学习第一项抠图工具——裁剪工具，裁剪出特定的影像范围。

A：打开素材文件

1. 选择"文件"菜单。
2. 在下拉列表中选择"打开"
3. 选择素材文件。
4. 单击"打开"按钮。
5. 照片将会在编辑区中打开。

　　如果大家仅安装了Photoshop，而没有安装Adobe Bridge，"窗口"-"扩展功能"菜单选项中就没有Mini Bridge。请使用上述步骤所提供的传统方法打开素材文件。

B：裁剪工具

1. 单击图层面板按钮。
2. 打开图层面板。
3. JPG格式的照片只有背景图层。
4. 按住工具按钮不放，约两秒后便会弹出工具下拉列表，请选取"裁剪工具"。
5. 图片外框显示裁剪标示。
6. 单击图层按钮收起面板。

　　店铺门帘上的手写字体相当有风格，让我们使用裁剪工具将文字裁剪出来。

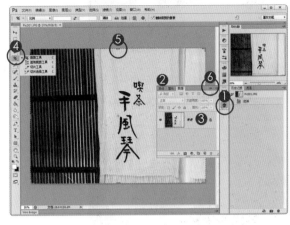

▲从菜单栏的"视窗"中打开"图层"面板

C：建立裁剪区域

1. 直接拖曳裁剪范围。
2. 创建裁剪范围后可以拖曳边缘再次调整，保留范围。
3. 勾选"删除裁剪的像素"复选框。
4. 单击"√"按钮结束裁剪。

　　"如果我只要上面的字，不要背景呢？"真是个好问题，不过，请大家忍耐一下，先把透视裁剪给看完，再来讨论这个问题。

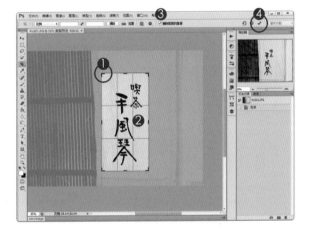

范围歪斜
使用透视裁剪工具

Created by Yangbibi

适用版本 CS6/CC
参考案例 素材 \02\Pic002.JPG

　　完全垂直地拍摄路边的海报、招牌是很困难的，这时候换"透视裁剪工具"出场，裁剪出歪斜的影像范围。操作方法与裁剪工具类似，一起来看看。

A：打开素材文件

1. 双击 Mini Bridge 面板缩览图。
2. 打开素材文件 Pic002.JPG。
3. 单击图层按钮展开图层。
4. JPG 格式的照片只有背景图层。
5. 按住工具按钮不放，从下拉列表中选取"透视裁剪工具"。

　　Photoshop 没有 Mini Bridge 的大家，就改用"文件"-"打开"命令来打开素材文件，后续的练习，杨比比还是会使用 Mini Bridge 来进行说明，来！我们继续。

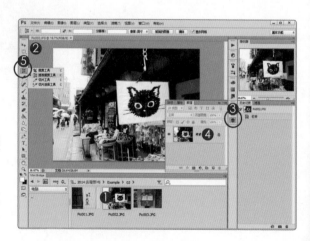

B：透视裁剪工具

1. 拖曳拉出矩形裁剪范围。
2. 拖曳控制点到海报边缘，继续调
   整其他三个角落。

　　有趣吧！在透视裁剪范围中，四个角落
的控制点可以单独调整、拖曳，以配合裁
剪范围。

C：完成透视裁剪

1. 透视裁剪范围调整完毕。
2. 单击"√"按钮结束裁剪。

　　结束裁剪后，大家会发现原本歪斜的海
报调正了，就像是垂直拍摄一样。

交互选取
特定色彩范围

Created by Yangbibi

适用版本 CS6/CC
参考案例 素材\02\Pic003.JPG

　　选取文字没什么意思，还是选取猫咪好了。由于大家刚刚入门，杨比比刻意处理了一下前一个案例，将猫咪的颜色调整得比较均匀，方便各位选取，加油!

A：打开素材文件

1. 打开Mini Bridge面板。
2. 双击Pic003.JPG缩览图。
3. 文件在编辑区中打开。
4. 单击图层按钮。
5. 打开图层面板。

　　由于屏幕空间有限，大家记得双击Mini Bridge面板标签将面板收起来。图层面板也是，再次单击"图层"面板按钮能收起面板。

B：拉近编辑区域

1. 单击"缩放工具"。
2. 在选项栏中勾选"细微缩放"复选框。
3. 移动鼠标光标到猫咪脸上，向右拖曳光标拉近猫咪的脸。

　　当显示范围超出视窗范围时，大家可以按住空格键不放，就能切换到"抓手工具"，使用"抓手工具"拖曳画面，调整图片的显示区域，非常方便。

C：限定编辑范围

1. 按住工具按钮不放，选取"矩形选框工具"。
2. 将模式设为"新选区"。
3. 拖曳鼠标光标拉出虚线选取框框选住猫咪的脸。
4. 如果觉得框选的范围不好，请在菜单栏选择"选取"。
5. 从下拉列表中选取"取消选择"。

　　由于照片内容太复杂，所以先将编辑范围限制在猫咪的脸部，这样选取起来会简单很多。

D：选取特定的颜色范围

1. 按住工具按钮不放，选取"魔棒工具"。
2. 将模式设为"与选区交叉"。
3. 容差设为"60"。
4. 取消"连续"复选框的勾选。
5. 单击黑色猫咪。

　　杨比比知道大家现在满肚子疑问，为什么使用"与选区交叉"？什么是"容差"？取消勾选"连续"复选框的目的是？这些等会儿讨论，不急。

E：复制选取范围到新图层

1. 按快捷键 "Ctrl+J" 将选取范围复制到新图层中。
2. 单击图层前面的 "眼睛" 图标，关闭背景图层。
3. 灰白相间的方格就是透明区域。

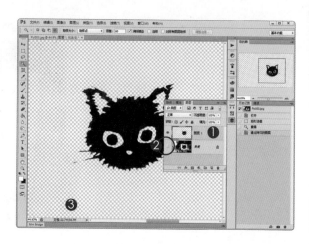

　　"图层1" 中除了黑色的猫咪之外，其余的范围都是透明的区域，如果大家不介意空白区域太多的话，现在就可以保存了！

F：裁剪多余的空白区域

1. 确认选取 "图层1"。
2. 从菜单栏中选择 "图像"。
3. 执行 "裁切" 命令。
4. 基于 "透明像素" 进行裁切。
5. 裁切掉 "顶" "底" "左" "右"。
6. 单击 "确定" 按钮。
7. 将多余的透明区域全部裁掉。

　　我们需要的部分抓取出来了，多余的空白区域也修剪完成，现在可以保存了！

G：存储为PNG格式

1. 确认 "背景" 图层关闭。
2. 从菜单栏中选择 "文件"。
3. 执行 "存储为" 命令。
4. 保存类型为 "PNG"。
5. 单击 "保存" 按钮。
6. 压缩类型选择 "最小/慢"。
7. 交错模式选择 "无"。
8. 单击 "确定" 按钮。

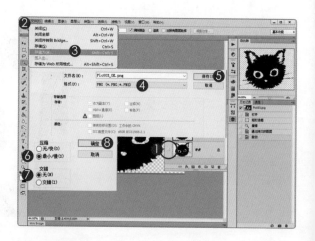

　　复习一下，能记录透明区域的常用格式有Photoshop专用的PSD和TIFF格式，以及网页中经常使用的PNG和GIF格式。

工具箱与
相关的工具选项

大家别排斥基础课程，这种基本功还是要练的。只有加强对于工具软件的使用，实际操作起来才更有记忆点，更不容易忘记。另外，也得找个机会让杨比比表现一下自己的学术涵养，别老让大家认为杨比比不正经，总是开玩笑。

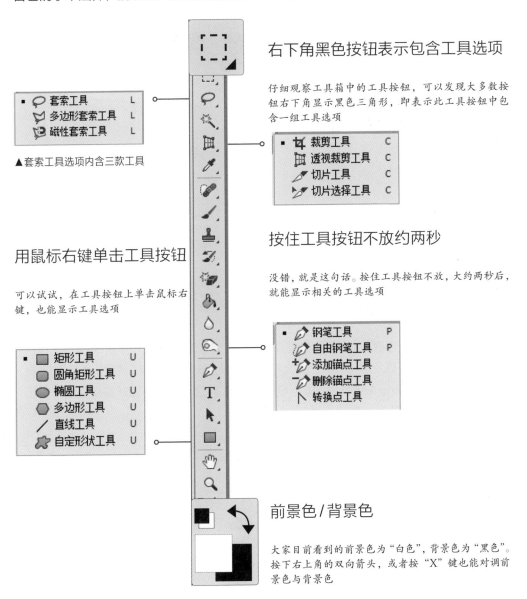

右下角黑色按钮表示包含工具选项

仔细观察工具箱中的工具按钮，可以发现大多数按钮右下角显示黑色三角形，即表示此工具按钮中包含一组工具选项

▪ 🔲 裁剪工具	C
🎞 透视裁剪工具	C
✂ 切片工具	C
✂ 切片选择工具	C

按住工具按钮不放约两秒

没错，就是这句话。按住工具按钮不放，大约两秒后，就能显示相关的工具选项

▪ ✒ 钢笔工具	P
🖊 自由钢笔工具	P
➕ 添加锚点工具	
➖ 删除锚点工具	
∧ 转换点工具	

▪ ○ 套索工具	L
♡ 多边形套索工具	L
♡ 磁性套索工具	L

▲ 套索工具选项内含三款工具

用鼠标右键单击工具按钮

可以试试，在工具按钮上单击鼠标右键，也能显示工具选项

▪ 🔲 矩形工具	U
🔲 圆角矩形工具	U
○ 椭圆工具	U
⬡ 多边形工具	U
╱ 直线工具	U
✦ 自定形状工具	U

前景色/背景色

大家目前看到的前景色为"白色"，背景色为"黑色"。按下右上角的双向箭头，或者按"X"键也能对调前景色与背景色

工具与
工具选项栏

Photoshop 中的每一款工具都会配上一组独特的工具栏。以前面案例中使用的"魔棒工具"来说，选取工具之后，视窗上方的工具栏会显示魔棒工具特有的"容差""连续"等设置。

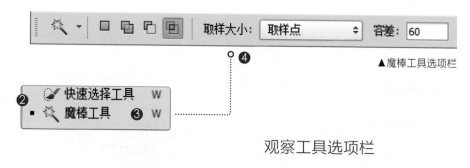

▲ 魔棒工具选项栏

观察工具选项栏

1. 用鼠标右键单击工具箱的第 4 个按钮。
2. 显示工具选项。
3. 单击"魔棒工具"。
4. 视图上方显示工具选项栏。

工具箱与选项栏消失了

老实说，这种情况很少发生，也没有收到过大家的来信，但很有可能是杨比比预防工作做得好，所以都没有问题。现在请大家注意，Photoshop 中任何的面板、工具箱、工具选项栏都可以从菜单栏的"窗口"选项中打开，要记得哦！

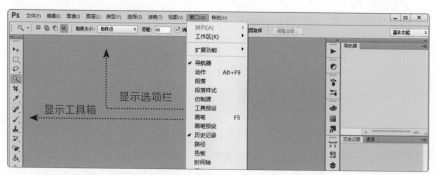

新选区模式与
添加到选区模式

矩形选区工具、椭圆选区工具、套索工具系列与魔棒工具……这么多名称，大家可能记不住，那也没关系，只要记得工具箱中的选区工具，选项栏中都包含4款基本的选取模式"新选区""添加到选区""从选区减去""与选区交叉"。

▲矩形选区工具选项栏中显示4种选取模式

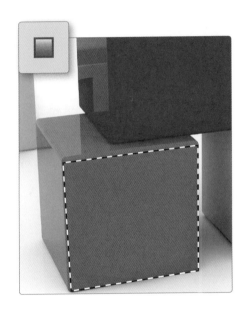

新选区选取
范围

简称为"新选区"模式。"新选区"模式每次仅能建立一个选取范围。"如果再选一个呢？"还是只有一个，只留下最后一个选取的范围，之前的会消失不见。

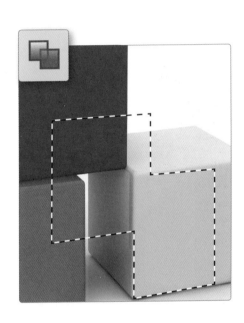

添加到选区选取
范围

简称为"添加到新选区"模式。每次所选取的范围都会累积起来，也就是越选越多，范围越来越大。使用选区工具时，如果按住"Shift"键不放，也能立即切换到添加到选区模式。

从选区减去模式和
与选区交叉模式

新选区、添加到选区、从选区减去、与选区交叉这4款模式算是资历相当深的选项功能。由于使用率高，也可以在使用选取工具时，搭配"Shift"键跳转到"新选区"模式；按住"Alt"键跳转到"从选区减去"模式；同时按下"Alt+Shift"键跳转到"与选区交叉"模式。

▲魔棒工具选项栏中也有同样的选取模式

从选区
减去

简称为"减去"模式。选区相交的部分会被剪去，有点越选越少的意思。使用选取工具时，如果按住"Alt"键不放，也能立即切换到"减去"模式。

与选区
交叉

简称"交叉"模式。保留选区相交的部分，也有人说这是"交集"。使用选取工具时，如果按住"Shift+Alt"键不放，也能立即切换并使用"交叉"模式。

魔棒工具
以颜色范围进行选取

Created by Yangbibi

适用版本 CS6/CC
参考案例 素材\02\Pic004.JPG

　　好冷！过完年，天气就没好过，阴冷湿暗，真希望手上有根魔法棒，念点什么咒语，就能让阳光露脸（哈气搓手），不啰唆，来练习魔棒工具。

A：打开素材文件

1. 打开 Mini Bridge 面板。
2. 双击 Pic004.JPG 缩览图。
3. 照片在编辑区打开。
4. 单击图层按钮。
5. 打开图层面板。

　　等过了这章，杨比比就不会再提醒大家打开文件的流程了，因为杨比比已经唠叨啰唆了一整章，相信大家一定不会忘记。

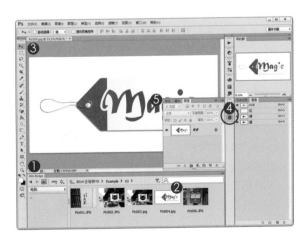

B：拉近编辑区域

1. 单击"缩放工具"。
2. 在选项栏中勾选"细微缩放"复选框。
3. 移动鼠标光标到字母"M"上方，向右拖曳光标，如图所示拉近图形。

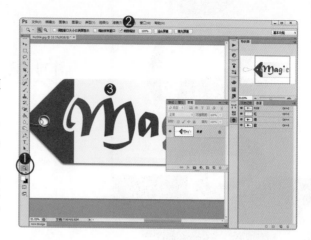

　　使用鼠标的大家，可以运用鼠标中间的滚轮拉近或推远图像。当图形超出视窗范围后，请按住空格键不放，运用抓手工具拖曳调整图形显示区域。

C：魔棒工具再次现身

1. 按住工具按钮不放，选择"魔棒工具"。
2. 将模式设为"新选区"。
3. 容差设为"10"。
4. 勾选"连续"复选框。
5. 单击字母M的左侧。

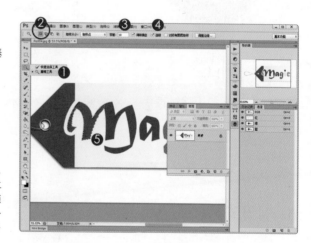

　　魔棒工具经常被用来选择相似的颜色，目前我们将颜色的相似性也就是"容差"设定在"10"，勾选"连续"复选框，表示颜色非常接近，而且色彩范围需要连结在一起，才能被魔棒工具选取，这可是非常严苛的要求。

D：增加模式

1. 使用"魔棒工具"。
2. 将模式设为"添加到选区"。
3. 取消勾选"连续"复选框。
4. 单击选取左侧的红色标签。

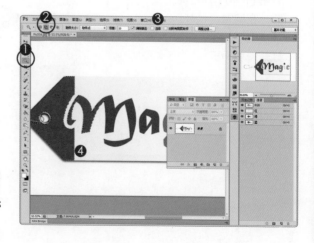

　　取消工具选项栏中"连续"复选框的勾选后，选区的条件就放宽了，现在只要目前图层中色彩相似度在10以内的颜色，都能被选取。

E：取消选取

1. 从菜单栏中选取"选择"。
2. 执行"取消选择"指令。
3. 取消编辑区中的选取范围。

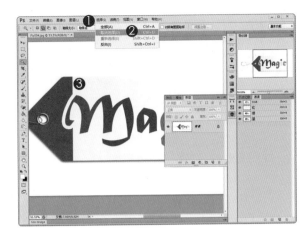

　　第一个要记的快捷键来了——"Ctrl+D"取消选取、"Ctrl+D"取消选取、"Ctrl+D"取消选取。这个快捷键非常重要，请背下来。

F：提高容差

1. 选取"魔棒工具"。
2. 将模式为设"添加到选区"。
3. 将"容差"值提高到"50"，能选择到更多的范围。
4. 勾选"连续"复选框，颜色一定要连着才能被选取。
5. 单击字母"M"的左侧。

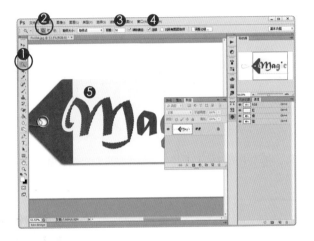

　　字母"M"左右两侧的颜色有些差异，提高容差后，就能选取完整的字母"M"。

G：选取更多的范围

1. 继续使用"魔棒工具"。
2. 将模式设为"添加到选区"。
3. 将容差值提高到"90"，能选到的颜色更多了。
4. 取消"连续"复选框的勾选，这样即便没有连在一起的颜色也能选。
5. 单击字母"M"的右侧。

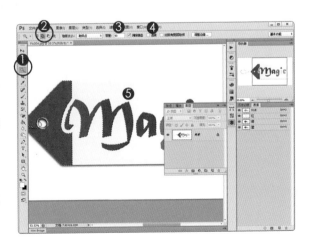

　　只要是颜色相似性在90及以上，即便没有连在一起，也能被选取，还不错吧！对魔棒工具要有些概念哦！

魔棒工具延伸练习
反选

适用版本 CS6/CC
参考案例 素材\02\Pic004a.JPG

A：打开素材文件

1. 打开 Mini Bridge 面板。
2. 双击 Pic004a.JPG 缩览图。
3. 在编辑区中打开素材文件。

　　杨比比总觉得漏了点什么，一大早起来，赶紧再补上一个案例练习，才能加强大家对于魔棒工具的记忆，并学会"反选"这个常用功能。

B：启动魔棒工具

1. 单击工具按钮约两秒。
2. 将模式设为"添加到选区"。
3. 容差设为"10"。
4. 取消"连续"复选框的勾选。
5. 单击编辑区中的白色部分。

　　字母的颜色丰富多彩，选起来比较麻烦，所以我们先选择白色背景，并且取消"连续"复选框的勾选，才能顺利选到字母内的白色范围。

C：反选选取范围

1. 从菜单栏中选取"选择"。
2. 执行"反选"命令。
3. 反过来就能选到字母了。

   挺妙的吧！大家以后碰到这类背景单一的图片，就可以先使用魔棒工具选取背景，反选选区后，就能选到我们需要的主体了。

D：复制选取范围

1. 按快捷键"Ctrl+L"将选取范围复制到图层。
2. 单击图层前面的眼睛图标关闭背景。
3. 看到灰白相间的方格就知道抠图成功了。

   请先执行菜单栏的"图像"-"裁剪"命令，将图片中多余的透明区域裁剪掉，再将文件另存为能记录透明色彩的 PNG 格式。

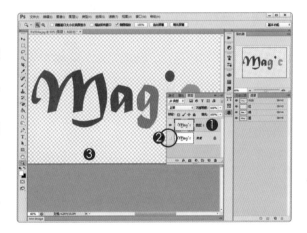

魔棒工具延伸练习
选取相近色

适用版本 CS6/CC
参考案例 素材 \02\Pic004b.JPG

A：打开素材文件

1. 打开 Mini Bridge 面板。
2. 双击 Pic004b.JPG 缩览图。
3. 素材文件在编辑区中打开。

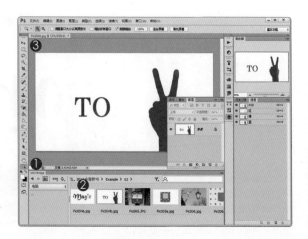

　　"可以使用魔棒工具选取白色背景，反选红色影像吗？"这是谁家的孩子，好聪明，讲过一次就记得。我们今天换一招，运用相近色与连续相近色功能来协助魔棒工具。

B：启动魔棒工具

1. 单击工具按钮约两秒，选取"魔棒工具"。
2. 将模式设为"添加到选区"。
3. 取样大小为"11×11平均"。
4. 容差设为"30"。
5. 勾选"连续"复选框。
6. 单击红色手形区域。

　　取样大小采用"11×11平均"可以在相同的容差值下，扩大魔棒工具的侦测范围。

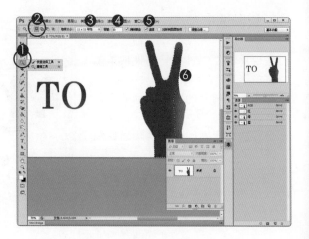

C：选取连续相近色

1. 在选取魔棒工具的状态下。
2. 提高容差值为"60"。
3. 从菜单栏中选取"选择"。
4. 执行"扩大选取"命令。
5. 选取所有相关联的色彩区域。

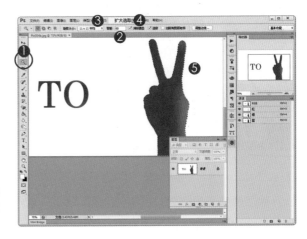

　　连续相近色指令会以魔棒工具的"容差"值来控制色彩相近程度。因此，使用"扩大选取"命令时，请先调整"容差"。

D：相近色

1. 还是魔棒工具。
2. 容差值为"60"不变。
3. 从菜单栏中选取"选择"。
4. 执行"选取相似"命令。
5. 没有相连的"TO"也被选取。

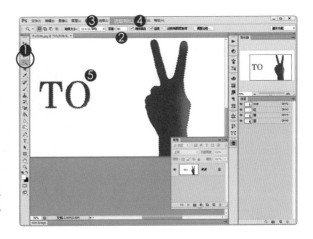

　　"选择"菜单中的"扩大选取"与"选取相似"命令是魔棒工具的扩展功能，我们多学一招，总会派上用场的。

矩形选框工具
以颜色范围
交互选取

Created by Yangbibi

适用版本 CS6/CC
参考案例 素材\02\Pic005.JPG

　　除了魔棒工具之外，"颜色范围"也是一款运用颜色相似性来进行选取范围控制的指令，使用率很高，大家千万不要错过，一起来学习。

A：打开素材文件

1. 打开 Mini Bridge 面板。
2. 双击 Pic005.JPG 缩览图。
3. 邮筒的照片显示在编辑区中。
4. 单击图层按钮。
5. 打开图层面板。

　　图层面板是 Photoshop 的右手，可见其重要性，图层必须长时间存在于编辑区中，大家可以考虑记下快捷键 F7。

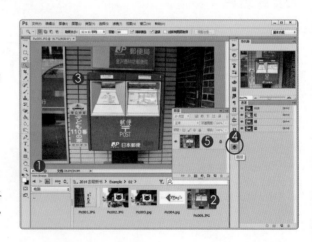

B：将照片全屏显示

1. 双击Mini Bridge选项卡收起面板。
2. 双击"抓手工具"。
3. 图片自动调整到视窗能显示的最大范围。

　　除了上述的方式之外，大家也可以按下抓手工具选项栏中的"填充屏幕"按钮，或者使用快捷键"Ctrl+0（数字零）"。

C：矩形选框工具

1. 按住工具按钮不放，选取"矩形选框工具"。
2. 将模式设为"添加到选区"。
3. 拖曳出矩形选取范围。
4. 移动鼠标光标到选取范围内，拖曳调整选区范围的位置。

　　如果觉得选取范围不理想，请按下快捷键"Ctrl+D"取消选取范围，重新建立选取区域。

D：指定颜色范围

1. 从菜单栏中选取"选择"。
2. 执行"色彩范围"命令。
3. 选取"取样颜色"。
4. 单击滴管按钮。
5. 点一下邮筒指定的颜色范围。
6. 颜色容差设为"200"。
7. 单击"确定"按钮。

　　唯一需要解释的就是"颜色容差"，颜色容差的数值越大，相当于"容许度"越高，能选择到的相似颜色也越多，我们继续。

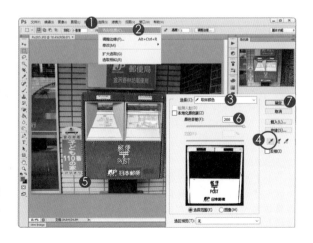

E：增加调整图层

1. 打开"调整"面板。
2. 单击"色相/饱和度"按钮。
3. 在面板中新增调整图层。

　　色相/饱和度调整图层会依据我们所选择的范围，建立右侧的黑白蒙版。目前看到的"白色范围"，就是刚刚建立的选取范围。

▲从菜单栏的"窗口"中打开"调整"面板

F：改变邮筒的颜色

1. 单击色相/饱和度调整图层。
2. 打开"属性"面板。
3. 将色相设为"+90"，调整颜色。
4. 邮筒变色了。

　　因为我们在调整颜色之前，先指定了邮筒范围为作用区，所以色相/饱和度调整图层旁的蒙版，会以"黑色"遮住没有选取的区域，使得色相的变化不会影响其他范围。

▲从菜单栏的"窗口"中打开"属性"面板

G：认识调整图层

1. 单击图层前面的眼睛图标关闭色相/饱和度调整图层。
2. 原图好好的。
3. 单击垃圾桶能删除调整图层。

　　除了Adobe写的线上手册外，很少有书能完整交代Photoshop中的每一个功能，即便这是一本以介绍抠图为主的书，杨比比还是希望大家能掌握基础的功能与面板。

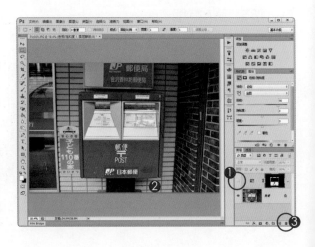

从选区减去模式
延伸练习

适用版本 CS6/CC
参考案例 素材\02\Pic005a.JPG

A：打开素材文件

1. 打开 Mini Bridge 面板。
2. 双击 Pic005a.JPG 缩览图。
3. 素材文件在编辑区中打开。

　　杨比比觉得这样简洁易懂的延伸练习，能让大家学会不少的选取功能，既有成就感，又振奋人心，也让选取命令热闹起来，挺不错的。

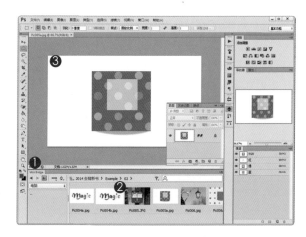

B：建立矩形选取范围

1. 单击工具按钮约两秒，选取"矩形选框工具"。
2. 将模式设为"从选区减去"。
3. 羽化设为"0 像素。
4. 样式设为"正常"。
5. 拖曳拉出矩形范围。

　　"魔棒工具选取白的背景，再反选比较快吧！"没错！但总不能一招闯天下吧，在职场中穿梭，得多学几招才能防身。

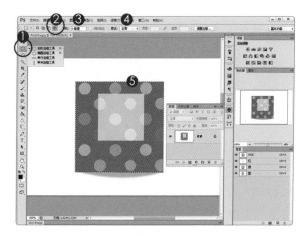

C：减去中间的矩形

1. 选择矩形选框工具。
2. 将模式设为"从选区减去"。
3. 拖曳拉出矩形范围，减去中间的绿色区域。

　　不管使用哪一种模式，第一次建立选取范围都是以"添加到选区"为主，第二次才会使用目前所指定的模式来增减选取范围。

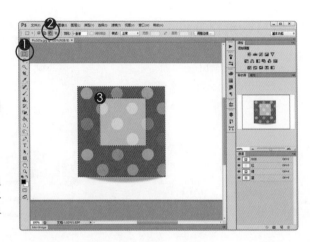

D：复制选取范围到新图层

1. 按快捷键"Ctrl+J"复制选取范围到图层。
2. 单击图层前面的眼睛图标关闭背景。
3. 灰白相间的方格出现了。

　　这是一样，存储文件前，先执行菜单栏的"图像"-"裁剪"指令，把多余的透明区域裁剪掉，再将文件另存为能记录透明色彩的PNG格式。

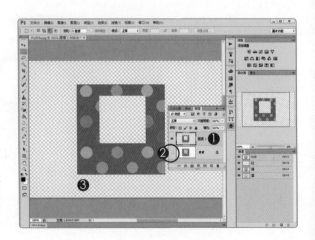

Created by Yangbibi

调整选取范围
存储选取范围

适用版本　CS6/CC
参考案例　素材\02\Pic006.JPG

　　没错！选取范围是可以调整的，而且调整的幅度很大、很弹性，这表示选取范围建立后，如果不满意，并不是只有"取消选取"这一招。

A：原图显示影像

1. 打开素材图片Pic006.JPG。
2. 双击"缩放工具"以100%原图比例显示。
3. 对了！图层还是要打开的。

　　打开文件的操作啰唆一个章节好像太久了，就此打住吧！经过几个案例的练习，相信大家已经习惯使用Mini Bridge打开文件了！

B：建立矩形选取范围

1. 用鼠标右键单击工具按钮。
2. 选取"矩形选框工具"。
3. 选择"新选区"模式。
4. 任意拉出一个矩形范围。

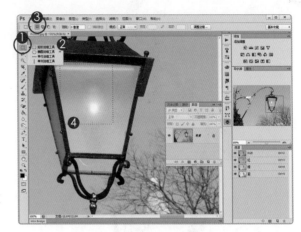

　　我们得调整选取范围以符合灯罩的大小，所以目前的矩形选取区域随便拉拉就可以，不需要太准确，也不用特别在意位置。

C：变形选取范围

1. 从菜单栏选择"选取"。
2. 执行"变换选区"命令。
3. 选取范围边缘显示控制框。

　　看到变形控制框，大家就明白了，拖曳控制框可以调整选取范围的宽、高，来试试！

D：变形选取范围

1. 拖曳控制点调整选取范围的高度。
2. 拖曳角落同时调整选取范围的宽和高。
3. 将光标移动到控制框外侧拖曳指标能旋转选取范围。

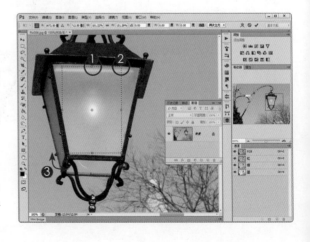

　　但不管怎样调整，还是跟灯罩的范围不一样？大家别着急，还有下一招，一起来看看。

E：扭曲选取范围

1. 按住"Ctrl"键不放，拖曳控制点到灯罩边缘。
2. 重复上一个步骤，继续按住"Ctrl"键不放，拖曳角落控制点到边缘。
3. 单击"√"按钮完成调整。

如何！挺不错的吧！花了点心思才调整好的选取范围，当然得保留下来，免得不小心弄掉了，还有两个步骤，我们继续。

F：存储选取范围

1. 打开"通道"面板。
2. 将选区存储为通道。
3. 新增"Alpha 1"通道。
4. 从菜单栏选择"选取"。
5. 执行"取消选择"命令。

大家也可以使用菜单栏中的"选择"-"存储选区"命令，同样能将目前的选取范围记录在"通道"面板之中。

▲从菜单栏的"图像"中打开"通道"面板

G：重新载入选取范围

1. 按住"Ctrl"键不放，单击"Alpha 1"缩览图。
2. 便能重新载入选取范围。

同样的，大家也可以使用菜单栏中的"选择"-"存储选区"命令，将"Alpha 1"通道中所记录的范围重新载入。对了！取消选择的快捷键"Ctrl+D"，大家应该背好了吧！等会儿要抽考哦，别以为看书就没有考试。

变形选取范围
弯曲练习

适用版本 CS6/CC
参考案例 素材\02\Pic006a.JPG

A：打开素材文件

1. 打开素材文件夹 Pic006a.TIF。
2. 在编辑区中打开素材文件。
3. 打开"图层"面板。
4. 打开"通道"面板。

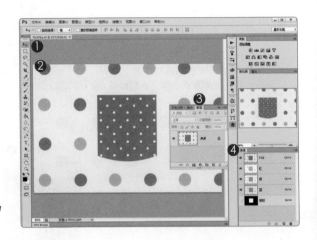

　　杨比比将文件存储为 TIFF 格式，是为了能顺利保留通道面板中的选取范围。

B：载入选取范围

1. 确认"通道"面板打开。
2. 按住"Ctrl"键不放，单击"矩形"
   通道缩览图。
3. 载入矩形选取范围。

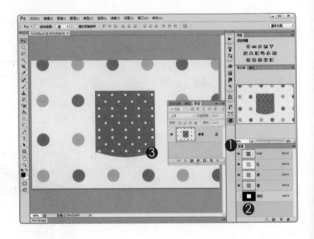

　　若是直接单击"矩形"通道，RGB 与红、绿、蓝四个通道会自动关闭，大家也别紧张，单击 RGB 与红、绿、蓝通道前面的眼睛图标，再次打开通道，并关闭矩形通道就可以了。

C：变形选取范围

1. 从菜单栏选择"选取"。
2. 执行"变换选区"命令。
3. 选取范围边缘显示控制点。

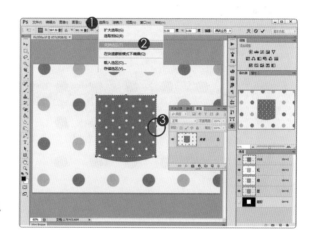

　　变换选区不仅能精确地控制边缘，还能进行变形调整，一起来看看下面的做法。

D：启动变形

1. 单击"在自由变换和变形模式之间自由切换"按钮。
2. 拖曳变形控制点调整边缘弧度。
3. 再次拖曳变形控制点。
4. 单击"√"按钮结束选取变形。
5. 按快捷键"Ctrl+J"复制选取范围到新图层中。

　　除了透过变形控制点调整选取范围的弧度之外，还可以借由"变形"选项（红框处）指定不同的变形方式，调整选取范围。

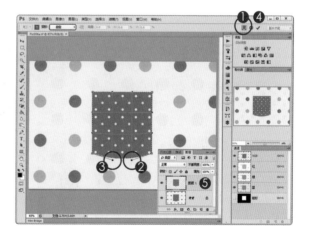

超进度学习
移除影像白边

Created by Yangbibi

适用版本 CS6/CC
参考案例 素材 \02\Pic007.JPG

Photoshop 版本都进化到CC了，各类选取工具与调整指令已经较以往版本更新了太多，如果还被旧工具给绑住，那就失去了使用新版本的目的。

A：我们从头来一次

1. 打开素材图片 Pic007.JPG。
2. 双击"抓手工具"，将照片全部显示出来。
3. 别忘了打开图层面板。

　　买书的目的就是希望能够自学，而自学有一个很重要的关键，那就是"坚持"。学得会、跟得上，就有坚持下去的动力。所以，不要急，一步步来，杨比比会陪着大家一起努力。加油！

B：使用魔棒工具

1. 使用鼠标右键单击工具按钮。
2. 选取"魔棒工具"。
3. 将模式设为"添加到选区"。
4. 容差值设为"20"。
5. 取消"连续"复选框的勾选。
6. 单击白色背景。

　　首先，由于背景颜色单调，所以容差值不需要太高。再来，围巾内的白色小孔与背景并没有连接在一起，因此取消"连续"复选框的勾选，才能顺利将这些小洞选起来。

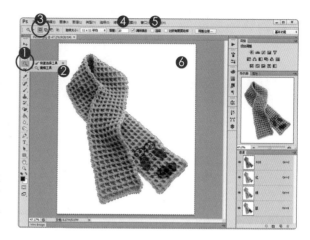

C：反选围巾

1. 从菜单栏选择"选取"。
2. 执行"反选"命令。
3. 选到围巾了。
4. 按快捷键"Ctrl+J"复制选取范围到新图层中。

　　围巾虽然抠出来了，但是完成得如何，以及边缘线干不干净，却看不出来，所以我们得透过商业抠图经常使用的程序来清除影像边缘。

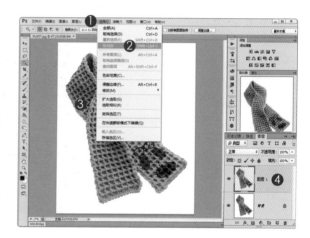

D：新增纯色图层

1. 单击调整图层按钮。
2. 单击"纯色"图层。
3. 将R、G、B的值都设为"100"。
4. 单击"确定"按钮。
5. 新增深灰色纯色图层。

　　可惜了，纯色图层在最上方，挡住已经去除白色背景的围巾图层，来调整一下吧！

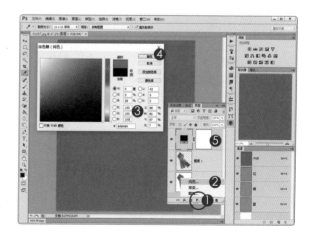

E：调整图层顺序

1. 纯色图层挡住了下面的围巾，移动鼠标光标到纯色缩览图。
2. 向下拖曳纯色图层，调整图层的上、下顺序。

　　图层就像是一张张的纸片，堆叠在一起，透过拖曳的方式，可以改变上、下排列顺序，达到我们查看编辑区图片的目的。

F：查看影像内容

1. 双击"缩放工具"。
2. 以100%原图尺寸显示。
3. 按住空格键不放，便能切换到"抓手工具"，拉近影像到围巾边缘。
4. 单击选取围巾图层。
5. 按"Ctrl"键并单击缩览图选取围巾。

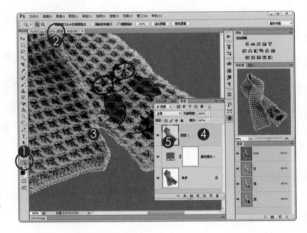

　　围巾边缘上有明显的白色背景，所以我们按住"Ctrl"键不放，单击围巾图层缩览图，重新载入围巾范围，进行边缘的细修。

G：调整边缘

1. 单击"魔棒工具"。
2. 单击"调整边缘"按钮。
3. 显示"调整边缘"对话框。

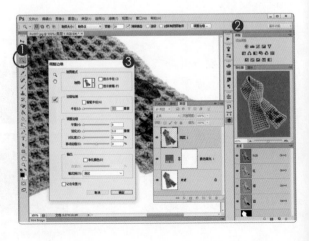

　　编辑区中没有任何选取范围时，"调整边缘"按钮会显示灰色，表示不能使用。另外，矩形选框工具、套索工具，或者魔棒工具选项栏上都有"调整边缘"按钮。

H：更换视图色彩

1. 单击"视图"按钮。
2. 选取"黑底"。
3. 将背景颜色改为黑色，没有移除
   干净的白色边缘更明显了。

　　如果需要抠图的物件的原始背景比较
深，建议大家改用白底，这样比较容易看
出边缘的状态。

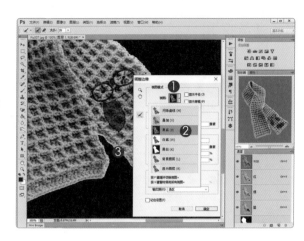

I：智能半径

1. 勾选"智能半径"对话框。
2. 半径设为"8.5"像素。
3. 白边不见了！神奇吧！

　　智能半径能融合需要抠出的图像的边
缘，数值越大，需要计算的范围也越广，但
越大不见得越好，得看状况，这个我们慢
慢学，不急！

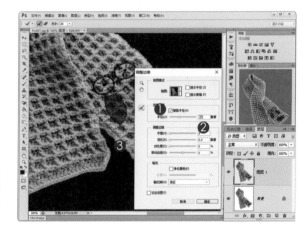

J：指定输出模式

1. 勾选"净化颜色"复选框。
2. 总量的默认值为"50"。
3. 输出至"新建带有图层蒙版的图
   层"。
4. 单击"确定"按钮。

　　以上这几个步骤，会将抠图的结果放置
在新图层中，并且以图层蒙版遮住围巾的白
色边缘。让我们一起来看看结果。

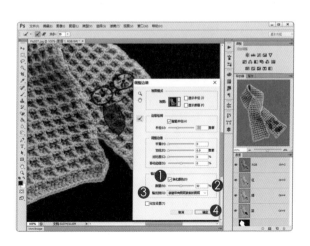

K：准备收工

1. 由调整边缘建立的新增图层。
2. 同时增加图层蒙版。
   黑色：遮住背景与白边。
   白色：显示围巾。

　　确认围巾的边缘清理干净了之后，请关闭纯色与背景图层，就可以将文件以PNG格式进行存储了！好！我们休息一下，再来看看其他的工具。

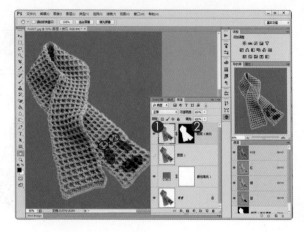

修改选取范围
的边缘状态

　　杨比比一直希望大家能多学点指令，而不要老是受制于几款特定的工具，这样不仅绑住了自己的思维，工作上也少了一些弹性。所以，接下来让我们认识几项修改选取范围的指令，增加对修改选取区域的了解。

修改边界 指令位置：菜单栏的"选择"-"修改"选项

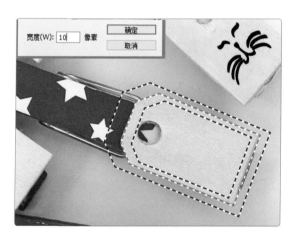

　　请以矩形选框工具在任意图片中建立一个矩形的选取范围。

　　在菜单栏中执行"选择"-"修改"-"边界"命令，输入宽度为"10"像素，会以原始范围为中线，向内侧与外侧扩大10像素。

平滑修改 指令位置：菜单栏的"选择"-"修改"选项

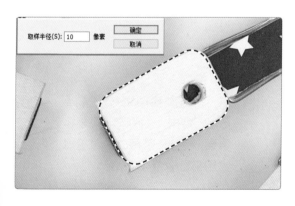

　　在菜单栏中执行"选择"-"修改"-"平滑"命令，取样半径为"10"像素，将选取范围中所有的直角转换为圆角。

扩展边缘 指令位置：菜单栏的"选择"-"修改"选项

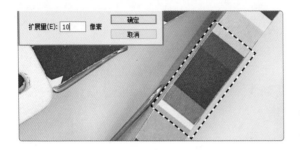

在菜单栏中执行"选择"-"修改"-"扩展"命令，扩展量为"10"像素，便能将目前的选取范围向外侧扩展10个像素。

收缩边缘 指令位置：菜单栏的"选择"-"修改"选项

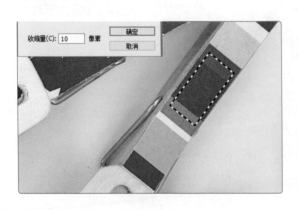

在菜单栏中执行"选择"-"修改"-"收缩"命令，收缩量为"10"像素，便能将目前的选取范围向内侧缩减10个像素。

羽化边缘 指令位置：菜单栏的"选择"-"修改"选项

羽化：0　　　　　　羽化：10　　　　　　羽化：20

在菜单栏中执行"选择"-"修改"-"羽化"命令，羽化半径为"10"像素，使选取范围的边缘呈现模糊状。常用于影像合成中。

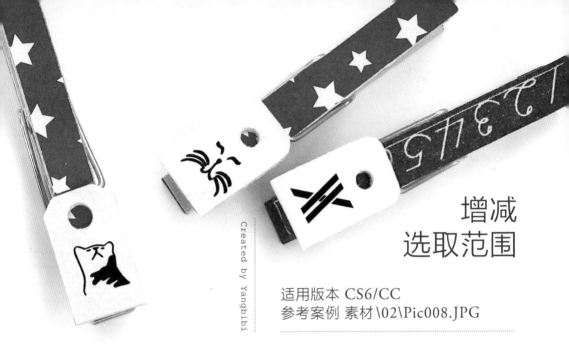

增减
选取范围

Created by Yangbibi

适用版本 CS6/CC
参考案例 素材\02\Pic008.JPG

　　认识收缩、扩展命令的菜单位置与作用之后，当然要实战演练一次，杨比比才放心。没办法，上了年纪就是啰唆，大家要多多忍耐！

A：多练习一次

1. 打开素材图片Pic008.JPG。
2. 单击"缩放工具"。
3. 勾选"细微缩放"复选框。
4. 向右拖曳放大镜图标拉近影像。

　　一本书能有几页，每个案例都提醒大家要拉近影像，也免得杨比比啰叨，所以麻烦大家记得，在有限的屏幕空间下，尽可能地拉近影像图片，选取范围也会比较精确。

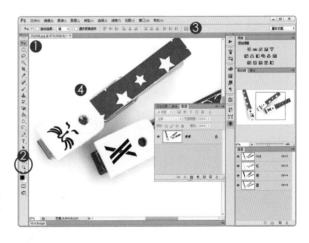

B：矩形选框工具

1. 按住工具按钮不放。
2. 单击"矩形选框工具"。
3. 羽化值设为"0像素"。
4. 任意拖曳出矩形范围。

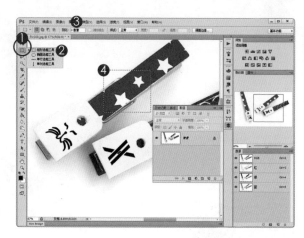

　　"羽化"是指选取范围边缘模糊的程度。如果大家需要建立边缘模糊的影响边缘，可以先提高选项栏中的"羽化"数值，再使用选取工具建立选取范围。

C：变换选取范围

1. 从菜单栏选择"选取"。
2. 执行"变换选区"命令。
3. 显示变形控制框。

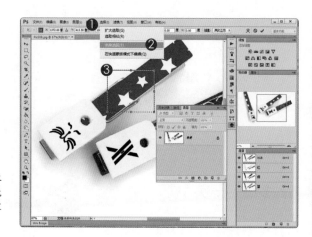

　　Photoshop中的选取范围可以改变位置、旋转角度、扭曲外形，就是因为功能这么强大，所以杨比比得多找机会让大家练习。

D：旋转选取范围

1. 移动鼠标光标到变形控制框外侧，呈现旋转光标后，拖曳转动选取范围。

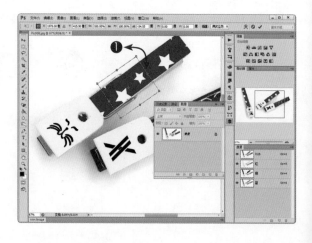

　　试着拖曳变形控制框中间旋转中心点的位置，可以改变选取范围旋转的结果。

E：调整变形控制点

1. 拖曳控制点到夹子边缘。
2. 或者按住"Ctrl"键不放，拖曳控制点到边缘。
3. 单击"√"按钮结束变形。

　　按住"Ctrl"键不放并拖曳控制点，能以变形方式调整选取范围。这很常用，杨比比会多多提醒大家，大家要忍耐杨比比的啰唆！

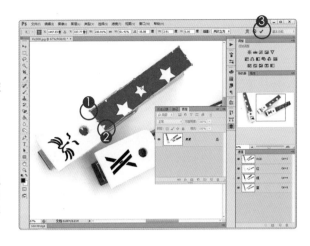

F：缩小选取范围

1. 从菜单栏选择"选取"。
2. 选择"修改"选项。
3. 执行"收缩"命令。

　　除了收缩之外，大家还可以运用这个案例，练习边界、平滑、扩展及羽化等功能。

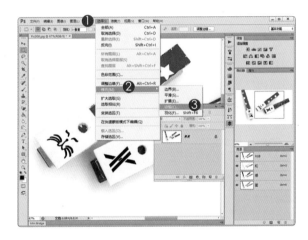

G：向内收缩边缘

1. 收缩"10"像素。
2. 单击"确定"按钮。
3. 选取范围向内收缩10像素。

　　皮姐姐（杨比比的女儿）非常喜爱各类花式胶带，什么东西都能贴，相框、铅笔盒、储物罐，这回连衣夹子都不放过。

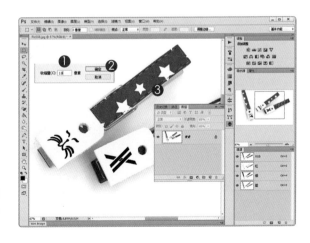

H：复制选取范围到新图层

1. 此为向内收缩的选取范围。
2. 按快捷键"Ctrl+J"复制选取范围到新图层中。

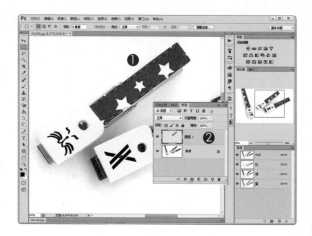

　　既然范围已经建立好了，我们就来玩一点Photoshop的图层效果，很有趣哦！

I：内阴影样式

1. 确认选取"图层1"。
2. 单击"fx"样式按钮。
3. 执行"内阴影"命令。
4. 不透明度设为"75%"。
5. 阴影距离为设"10"像素。
6. 阴影边缘模糊尺寸设为"15"像素。

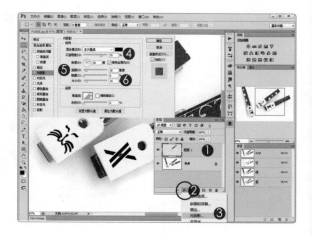

　　右侧的图片空间有限，看不到夹子加入内阴影的状态，大家可以自己观察一下，如果阴影颜色太重，请降低不透明度到"50%"。

J：调整阴影位置

1. 移动鼠标光标到对话框外侧，拖曳阴影改变位置。
2. 或者直接调整"角度"数值。
3. 单击"确定"按钮。

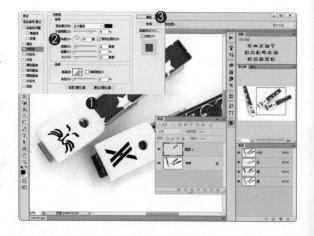

　　加入内阴影之后，有种凹陷下去的错觉，很有趣吧！大家还可以使用相同的方式练习阴影、光晕等其他样式。

K：新增图层样式

1. 单击效果或内阴影前方的眼睛图示可以关闭效果。
2. 单击图层缩览图右侧 fx 旁的三角形按钮可以收合效果图层。

　　那么辛苦选好了范围，当然得做点有意义的事，又能学到新的功能，真是一举两得。

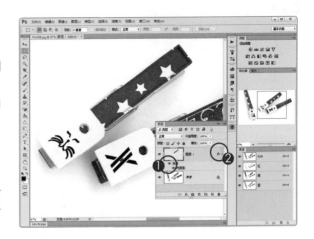

椭圆
选框工具

适用版本 CS6/CC
参考案例 素材 \02\Pic009.JPG

　　学会如何修改选取范围之后，杨比比就可以放心地让大家进行选框工具的练习，先来看看椭圆选框工具，并了解工具选项栏中的相关设置。

A：又是一个新的练习

1. 打开素材图片Pic009.JPG。
2. 双击"抓手工具"将图片全部显示出来。
3. 请打开图层面板。

　　双击"抓手工具"能立即启动"填充屏幕"功能。喜欢使用快捷键的大家，可以使用"Ctrl+0（数字零）"来取代双击"抓手工具"的动作，试试看吧！

B：椭圆选框工具

1. 用鼠标右键单击工具按钮。
2. 选取"椭圆选框工具"。
3. 将模式设为"添加到选区"。
4. 边缘模糊的羽化值设为"0像素"。
5. 样式为"固定比例"。
6. 宽度设为"1"。
7. 高度设为"1"。
8. 拖曳拉出一个正圆选区。

　　没错！我们可以透过工具选项栏中的"样式"指定选取范围的比例与特定尺寸。

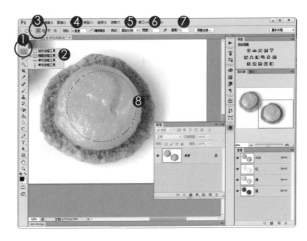

C：调整选取范围

1. 从菜单栏选择"选取"。
2. 执行"变换选区"命令。
3. 显示变形控制框。

　　"拉了半天正圆，还不是要调整？"不要这么计较嘛，总得找机会学学新设定。

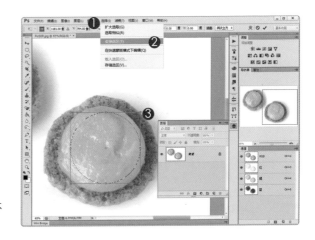

D：选取中间的馅料

1. 按住"Ctrl"键不放，拖曳变形控制点，使椭圆边界与馅料弧度组合。
2. 馅料的左边不用管。
3. 单击"√"按钮结束变形。

　　我们没打算调整馅料的左侧，所以专注在右边弧度的对齐就可以了！

E：减掉一半

1. 按住工具按钮不放约两秒，选取"矩形选框工具"。
2. 将模式设为"从选区减去"。
3. 边缘模糊羽化值为"0像素"。
4. 样式为"正常"。
5. 拖曳拉出矩形范围减去一半的圆形区域。

　　大家也可以将模式固定为"添加到选区"，想要增加选取范围，可以搭配"Shift"键；想要减去选取范围，则搭配"Alt"键会比较方便。

F：新增调整图层

1. 打开"调整"面板。
2. 单击"色相/饱和度"按钮。
3. 新增色相/饱和度调整图层。

　　色相/饱和度会以我们刚刚建立的选取范围为作用对象，所以大家可以看到色相/饱和度旁的图层蒙版，只留下一块可以显示色相/饱和度效果的"白色"区域。

▲从菜单栏的"图像"中打开"调整"面板

G：改变色相

1. 在"属性"面板中。
2. 将色相值设为"-12"。
3. 编辑区中的馅料变色。

　　其实我们只有一张照片，却可以用修改色相的方式，来表现两种不同口味的商品，这就是抠图的另一种魔力，非常有趣。

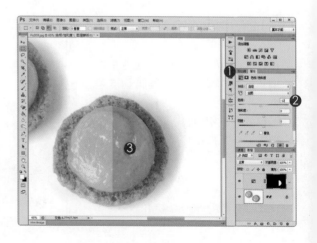

选框工具
的样式设定

从 Photoshop 5.0 版到现在，Adobe 始终保留矩形、椭圆选框工具中的三款样式，即使使用率不算太高，但仍有不少支持者喜欢这样的设定，所以大家还是得看看，这三项不同的选框样式设定。

▲ 椭圆、矩形选框工具选项栏

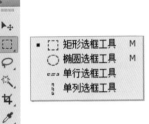

改变选取样式 操作流程

1. 单击矩形、椭圆选框工具。
2. 指定"样式"为"固定大小"。
3. 宽度设为"620"像素。
4. 高度设为"380"像素。
5. 宽度和高度数值不同时可以单击中间按钮互换宽度、高度的数值。

固定大小样式的单位控制

除了"像素"之外，我们还可以使用"厘米（cm）"与"英寸（in）"两种单位，但是需要特别注意输入的方式。

英寸：简体中文版需输入"英寸"才能识别。

像素：简体中文版需输入"像素"才能识别。

厘米：简体中文版需输入"厘米"才能识别。

样式： 固定大小 ÷ 宽度： 3厘米 ⇄ 高度： 2厘米 调整边缘…

选框工具
选取范围控制

在使用选框工具时，有两个可以协助我们进行快速选取的功能键——"Shift"与"Alt"。这两个快捷键除了可以切换选取模式为"添加到选区"与"从选区减去"之外，还能限制选取范围的比例与起始位置，也是使用率很高的快捷键，大家一定要记得。

"Shift" 快捷键

编辑区中没有任何选取范围，按住"Shift"键不放，能建立等比例的选取范围（正方形、正圆）。

如果编辑区中已经有选取范围，按住"Shift"键不放，选取模式会自动切换为"添加到选区"。

按住"Shift"键不放，拖曳矩形选框工具，能建立正方形选区

若编辑区已经有选取区域，按下"Shift"键，则会切换为"添加到选区"模式

"Alt" 快捷键

如果编辑区中没有任何选取范围，按住"Alt"键不放，能由中心点拉出选取范围，大大提高选取的精确性。

如果编辑区中已经有选取范围，按住"Alt"键不放，则选取模式会自动切换为"从选区减去"。

按住"Alt"键不放，拖曳选取工具，能由中心点出发，建立选取范围

若编辑区已经有选取区域，按下"Alt"键，则会切换为"从选区减去"模式

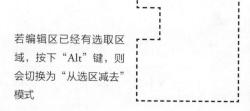

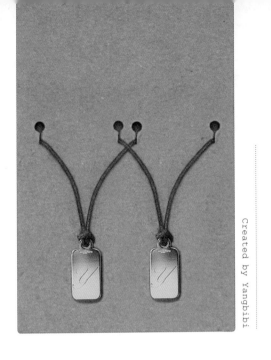

Created by Yangbibi

最具弹性的
套索工具

适用版本 CS6/CC
参考案例 素材\02\Pic010.JPG

矩形工具、椭圆工具、魔棒工具，现在又加入了套索工具，有种越来越热闹的感觉。其实选取工作操作的方式大同小异，尤其是套索工具，它是最简单、最具弹性的。

A：打开套索工具

1. 打开素材图片Pic010.JPG。
2. 按住工具按钮不放约两秒，单击"套索工具"。
3. 将模式设为"添加到选区"。
4. 羽化值设为"20像素"，边缘模糊。
5. 拖曳鼠标拉出选取范围。

　　羽化值用于控制选取范围边缘的模糊程度。数值越大，边缘越模糊。因此，选取范围要与项链保持一段距离，否则20像素的羽化值很可能影响项链的清晰度。

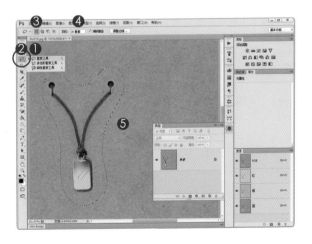

B：查看选取范围

1. 按快捷键"Ctrl+J"复制范围到新图层。
2. 单击图层前面的眼睛图标关闭背景。
3. 这就是羽化 20 像素的边缘模糊效果。

　　为了确保选区边缘的平滑顺畅，建议维持选项栏中"消除锯齿"复选框的勾选（红框处）。

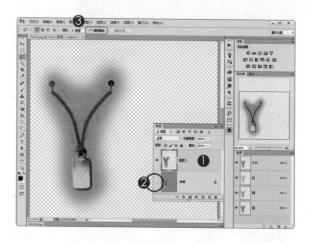

C：移动选取范围

1. 选取"图层 1"。
2. 单击"移动工具"。
3. 按住"Shift"键不放，向右拖曳项链。

　　20 像素的羽化值模糊了选区边缘，因此将项链移动到右侧，也不会产生明显的界线，现在大家应该了解"羽化"值的用法了。

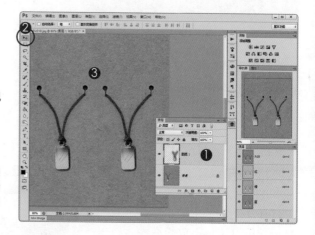

Created by Yangbibi

多边形套索工具
线条利落

适用版本 CS6/CC
参考案例 素材 \02\Pic011.JPG

　　别期望着只学了一章就能进行精细的抠图工作了，同学目前只能跟常用的选框工具打个半熟，等下一章才会有机会达到七分熟的程度，慢慢来，不急！

A：多边形套索工具

1. 打开素材图片Pic011.JPG。
2. 按住工具按钮不放约两秒，单击"多边形套索工具"。
3. 将模式设为"添加到选区"。
4. 羽化值设为"0像素"。
5. 单击影像边缘建立起点。

　　请大家沿着星状边缘，单击鼠标左键（不要拖曳）运用多边形套索工具，建立星状范围。

B：封闭选取范围

1. 单击星状边缘建立选取区。
2. 回到起点后，多边形套索工具图标旁会有一个圆圈，单击鼠标左键封闭选取范围。

　　使用多边形套索工具的过程中，可以按"Delete"键或空格键删除前一个多边形套索定点。若是想取消目前的多边形套索选取，请按"Esc"键。

C：复制选取范围

1. 按快捷键"Ctrl+J"复制选取范围到新图层中。

　　一定要记得，不管情况如何恶劣，都不能破坏背景图层，将选取范围尽量复制到新图层中，再进行调整与编辑。

D：斜角与浮雕

1. 单击"fx"按钮。
2. 执行"斜角和浮雕"命令。
3. 预设样式为"内斜角"。
4. 星状图形向外突出。

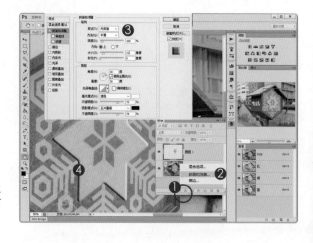

　　大家都知道，图形没有真的向外突出，只是明暗色调变化所产生的错觉，很有趣吧！

E：向内凹陷

1. 在斜角与浮雕样式选项卡中。
2. 将样式设为"内斜角"。
3. 方向设为"下"。
4. 凹陷尺寸设为"30"像素。
5. 编辑区中的星状图形向内凹陷。

　　如何？图层样式非常好玩吧！除了斜角与浮雕之外，还可以找时间试试其他的工具，大家一定能感受到Photoshop的神奇之处。

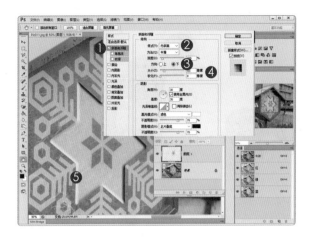

F：换个颜色

1. 单击"颜色覆盖"样式。
2. 单击色块。
3. 拾色器对话框指定颜色：R：104、G：46、B：35。
4. 单击"确定"按钮。
5. 混合模式为"覆盖"。
6. 单击"确定"按钮。

　　大家可以试着更换不同的混合模式，能与图层中的影像混合出特殊色影像效果。

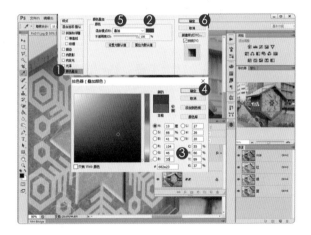

G：查看图层内容

1. 单击效果前方的眼睛图标能关闭以下两个效果图层。
2. 单击 fx 旁的三角形按钮能收起效果图层。

　　大家也可以试着将其中的某一个效果图层（如颜色覆盖）拖曳到图层面板下方的垃圾桶按钮上，便能删除效果图层。

Created by Yangbibi

磁性套索工具
快速定义边界

适用版本 CS6/CC
参考案例 素材 \02\Pic012.JPG

　　每次谈到磁性套索工具，杨比比都得再对照一次 Adobe 的手册，才能记得磁性套索各项参数的作用。真的不能不服老，大家要珍惜自己的青春呀！

A：磁性套索工具

1. 打开素材图片 Pic012.JPG。
2. 单击"磁性套索工具"。
3. 将模式设为"添加到选区"。
4. 羽化值设为"0 像素"。
5. 侦测宽度设为"10 像素"。
6. 色彩对比度设为"10%"。
7. 频率设为"20"。
8. 单击影像边缘建立起点。

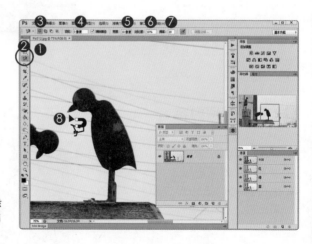

　　接下来请大家沿着鸟形的边缘移动磁性套索图标，不要距离小鸟的形状太远，因为我们的侦测宽度，只设定为"10 像素"。

B：建立磁性套索边缘

1. 沿着鸟形边缘移动指标，如果发现控制点出错，请按"Delete"键或空格键取消前一个控制点。

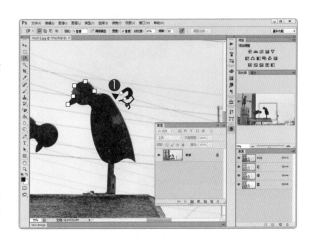

目前大家看到的方框控制点，就是侦测的结果。控制点的数量可以由"频率"来进行调整，频率越高，控制点数量越多。

C：完成磁性套索

1. 沿着鸟形边缘回到原点。
2. 磁性套索图标旁显示圆圈，单击图标封闭选取范围。

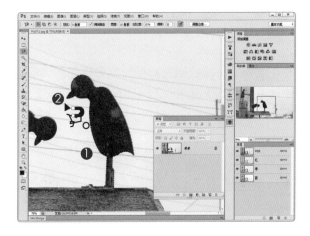

大家试着按下快捷键"Ctrl+J"复制选取范围到新图层中，再加入图层样式"阴影"。自己动手练习一次，应该没有问题吧！

Created by Yangbibi

后起之秀
快速选取工具

适用版本 CS6/CC
参考案例 素材\02\Pic013.JPG

　　魔棒工具是依据色彩相似度进行范围选取。磁性套索工具则能借由色彩对比来建立选取范围。快速选取工具则是结合这两款工具的特色所整合出来的新工具。

A：快速选取工具

1. 打开素材图片 Pic013.JPG。
2. 单击"快速选取工具"。
3. 将模式设为"添加到选区"。
4. 单击笔尖图示按钮。
5. 尺寸设为"100 像素"。
6. 勾选"自动增强"复选框。

　　自动增强：可以增强选取范围贴齐影像边缘的能力。这是个不错的选项，当然得勾选起来。

B：增加选取范围

1. 沿着帽子往下拖曳，由于我们使用增加模式，所以只要选取范围没有贴齐边缘，则可以再次进行拖曳选取。

　　"那超出范围了，怎么办呢？"没关系，还可以使用从选区减去模式来移除选取范围。

C：使用从选区减去模式

1. 模式为"从选区减去"。
2. 降低画笔尺寸为"35"。
3. 拖曳快速选取工具画笔减去多余的范围。

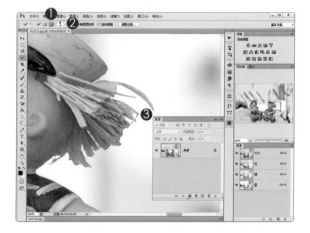

　　首先，画笔大小会影响边缘侦测的正确性，所以小区域请用小画笔，大面积才用大尺寸的画笔。

　　另外，大家可以按"["键缩小画笔尺寸，按"]"键放大画笔尺寸。

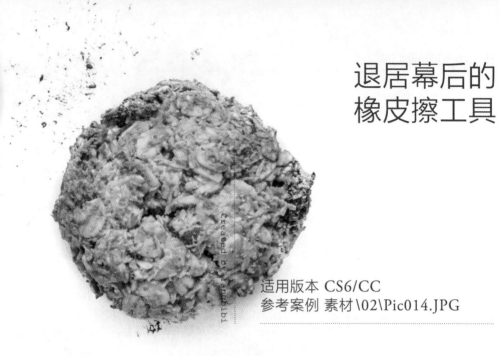

退居幕后的
橡皮擦工具

适用版本 CS6/CC
参考案例 素材\02\Pic014.JPG

就目前的抠图工具来说，橡皮擦工具实在可以退休了，它的调整弹性比较低，不适用于背景复杂的影像。好吧！既然都讲到这里了，一起来看看橡皮擦工具。

A：启动橡皮擦工具

1. 打开素材图片 Pic014.JPG。
2. 单击预设色彩按钮，设置前景色为黑色，背景色为白色。
3. 单击"橡皮擦工具"。
4. 单击画笔图标。
5. 选取圆形画笔。
6. 画笔大小约"175像素"。
7. 硬度"0%"表示边缘模糊。
8. 涂抹影像显示白色背景。

　　背景图层是不会产生透明区域的，直接使用橡皮擦工具擦拭，会显示目前的背景色彩。

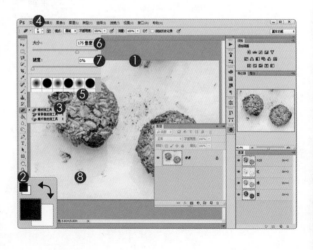

B：转换背景为一般点阵图

1. 双击"背景"名称。
2. 转换背景为一般点阵图层，使用
   预设的"图层0"就好。
3. 单击"确定"按钮。
4. 转换完毕。

　　被锁定的"背景"图层是无法产生透
明区域的，如果真的要擦掉像素，得先依
据上述方式将背景转换为一般的点阵图层，
才能顺利擦拭影像中的像素。

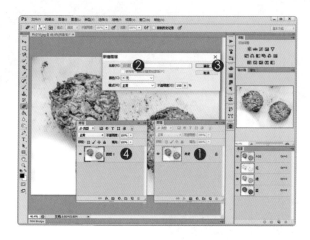

C：再玩一次

1. 使用"橡皮擦工具"。
2. 选择边缘模糊大尺寸的圆形笔尖。
3. 模式设为"画笔"。
4. 拖曳鼠标光标擦拭影像，显示灰
   白方格的透明区域。

　　如果擦拭的过程有问题，大家可以单击
"历史记录"按钮，打开历史记录面板，透
过面板回顾之前的擦拭程序。

背景
橡皮擦工具

Created by Steve

适用版本 CS6/CC
参考案例 素材\02\Pic015.JPG

　　像杨比比这种经常使用Photoshop的人，大半年都没有碰过橡皮擦系列工具，大家就知道，这三种橡皮擦实在可以自动办理退休，不会有人慰留了。

A：背景橡皮擦工具

1. 打开素材文件 Pic015.JPG。
2. 单击"背景橡皮擦工具"。
3. 选用中尺寸圆形笔尖。
4. 将模式设为"取样：一次"。
5. 限制"不连续"。
6. 容差值设为"10%"。
7. 勾选"保护前景色"复选框。
8. 按住"Alt"键并单击颜色便能指定前景色。

　　既然已经勾选"保护前景色"复选框，那就不要浪费，设定抱枕外围的颜色为前景，将其保护起来。

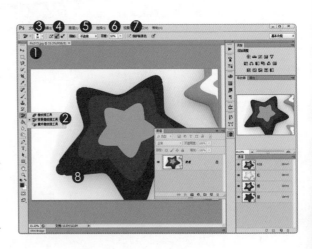

B：擦拭指定颜色

1. 移动背景橡皮擦工具到第二层颜色上，拖曳鼠标光标进行擦拭。
2. 背景图层自动转换为"图层0"。

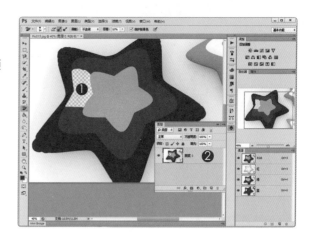

　　这是一种类似"魔棒工具"的色彩控制模式，依据容差的设定，配合鼠标光标拖曳将范围内的颜色进行擦拭。

C：恢复指令

1. 打开"历史记录"面板。
2. 单击最上方的缩览图，便能恢复到文件的原始状态。

　　背景橡皮擦是个使用范围很狭隘的工具，为了能让大家看到明显的效果，特别请杨比比的好朋友Steve绘制了3D抱枕。没错，这几个抱枕是特别为了背景橡皮擦所画的，并不是真实的物件，现在知道使用范围狭隘了吧！

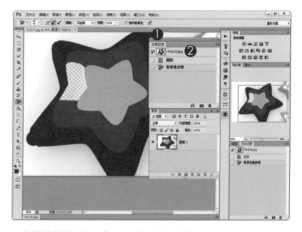

▲从菜单栏的"窗口"打开"历史记录"面板

魔术
橡皮擦工具

Created by Steve

适用版本 CS6/CC
参考案例 素材\02\Pic016.JPG

　　读到这里，可以踩一下刹车了，魔术橡皮擦工具还算得上是个角色，效果相当明确，尤其在处理色彩范围差异较大的区域时还挺实用的。

A：魔术橡皮擦工具

1. 打开素材图片Pic016.JPG。
2. 单击"魔术橡皮擦工具"。
3. 容差值设为"32"。
4. 勾选"连续"复选框。

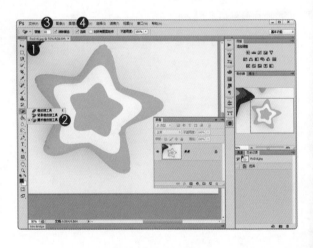

　　魔术橡皮擦的工具选项看起来特别眼熟吧！没错，跟魔棒工具的选项栏一样，透过"容差"指定色彩相似的程度。勾选"连续"复选框可以限制移除的范围是颜色相连的区域。

B：移除特定颜色

1. 将不透明度设为"100%"，指定
   颜色移除后，使用透明来取代原
   有色彩。
2. 单击抱枕的白色区域。
3. 背景图层转换为"图层0"。

　　若是将"不透明度"设定为"50%"，
会以原来颜色的50%来取代目前的色彩。

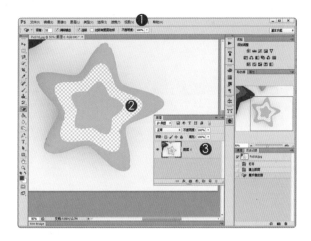

C：历史记录面板

1. 单击"历史记录"按钮。
2. 打开"历史记录"面板。
3. 单击最上方的缩览图，回复到文
   件的原始状态。

　　对Photoshop中的选取工具有概念后，
我们就可以进入点阵图蒙版的学习。这可
是一款实用性相当高的工具，最重要的是，
它简单易学，大家连袖子都不用卷，翻页
看看就知道。

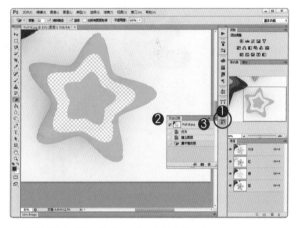

▲从菜单栏的"窗口"打开"历史记录"面板

摄影：杨比比
1/0.3s ISO 320 f/11
60.0mm f/2.8
2014/2/12 上午11:00:00

第 3 章
图层通道抠图

进 阶 篇

专业人士
都是这样抠图的

Created by Yangbibi

适用版本 CS6/CC
参考案例 素材\03\Pic001.TIF

除了一些特定的商品（或图形）之外，多数的专业人员谈到抠图"就是图层蒙版搭配黑白画笔，刷！刷！刷！"，便能精确"抠"下需要的区域。

A：载入选取范围

1. 打开素材文件Pic001.TIF。
2. 打开"通道"面板。
3. 按住"Ctrl"键不放，单击"荷包蛋"通道缩览图。
4. 载入一个椭圆选取范围。

　　提醒大家，日后打开TIFF、PSD格式文件时，先打开"通道"面板，看看有没有像杨比比这么好心的朋友，预留一个选取范围在里面。虽然范围有些不够精确。

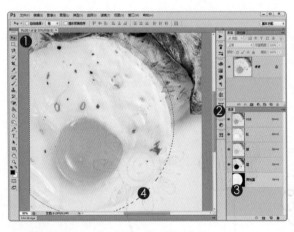

▲从菜单栏的"窗口"中打开"通道"面板

B：建立图层蒙版

1. 打开图层蒙版。
2. 单击"添加图层蒙版"按钮。
3. 将选取范围转换为蒙版，
   白色部分是我们建立的选取范围，
   黑色部分是选取范围以外的区域。

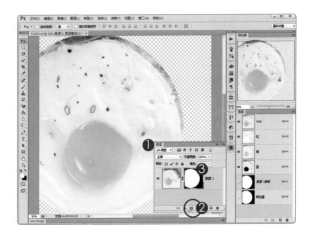

　　先回头看看前一个步骤，图层名称是"背景"，旁边还有个锁。加入图层蒙版后，名称变更为"图层0"，这是一般的像素网格图层，限制较少（没有锁）比较容易编辑。

C：加上白色底色

1. 单击新增调整图层按钮。
2. 单击"纯色"选项。
3. 弹出拾色器对话框，R：255、
   G：255、B：255，这组色码表示纯白。
4. 单击"确定"按钮。
5. 新增白色的填色图层。

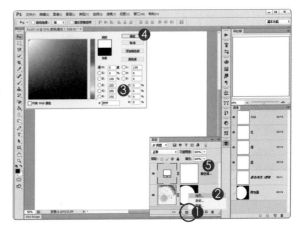

　　两件事，如果要更改填色图层的颜色，请双击（连按两次鼠标左键）图层前方的白色色块，就能再次启动拾色器进行颜色变更。另外，白色填色图层放在上面不像话吧！一起动手把它拉下来，拉到"图层0"的下方。

D：调整图层顺序

1. 移动鼠标光标到图层名称上，向下拖曳图层。
2. 以白色做底色比较容易抠图。

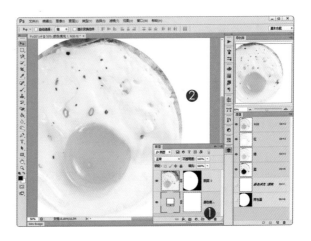

　　还好蛋白的颜色与纯白还是有些色差，不至于影响接下来的抠图动作。但大家的屏幕如果太亮，看不出差异，建议各位双击纯色图层前方的缩览图，将图层的颜色改为黑色（或是其他颜色），比较容易观察。

E：拉近影像

1. 单击"缩放工具"。
2. 勾选"细微缩放"复选框。
3. 向右拖曳放大镜图标拉近影像，
   必要时按住空格键切换为"抓手
   工具"，拖曳影像调整显示范围。

　　图层蒙版抠图是非常耗眼力的工作，记
得使用放大镜拉近画面尽可能放大，这样
才能修得精准，修得够细致。

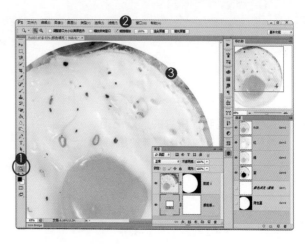

F：黑色画笔遮住多余范围

1. 单击图层蒙版。
2. 单击"画笔工具"。
3. 单击画笔图标按钮。
4. 选取圆形笔尖，大小为30像素，
   硬度为100%。
5. 前景色为黑色。
6. 使用画笔涂抹多出来的区域。

　　大家简单记一下：按"D"键可以还原前
景/背景色彩默认值；按"X"键可以交换颜色。

G：白色还原影像

1. 如果黑色画笔擦太多。
2. 单击图层蒙版。
3. 使用"画笔工具"。
4. 画笔尺寸硬度不变。
5. 按下"X"键交换前景色成为"白色"。
6. 拖曳画笔涂抹多擦的范围。

　　这挺容易懂的吧！蒙版中的白色，就
是我们要保留的范围。黑色则是要遮掉的
区域。透过图层蒙版既能弹性的移除背景，
又能保留图片的完整性，是最好的抠图
方式。

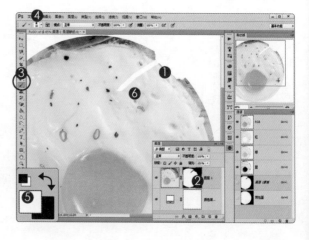

前景色/背景色
控制管理

　　前景色与背景色，我们已经玩过几次，相信大家对这两组放置在工具箱下方的颜色已经有些概念，现在让我们运用这两页，加强对前景/背景色的认识，打下更完整的基础，这样杨比比才能放心的陪着大家学习后面的课题。

还原成默认的黑白色

　　单击工具箱下方"前景色/背景色"旁的预设色彩按钮，或是按下键盘上的"D"键。

交换前景/背景色

　　单击"前景色/背景色"右上角的交换箭头，或是按下"X"键。

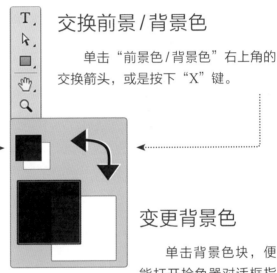

变更前景色

　　单击前景色块，便能打开拾色器对话框，指定颜色。或是单击"色板"面板中的颜色。

变更背景色

　　单击背景色块，便能打开拾色器对话框指定颜色。

　　如果要由色板面板中指定背景色，大家得先按住"Ctrl"键不放，再单击色板面板中的颜色。

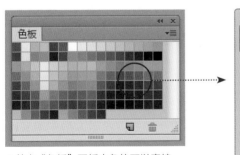

▲单击"色板"面板中色块可以直接改变前景色

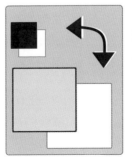

▲目前的背景色是"白色"

图层蒙版
环境下的颜色控制

　　不知道大家发现了没有，运用黑白画笔增减蒙版范围时，杨比比提醒过大家"先单击图层蒙版，再使用画笔涂抹"，那是因为图层蒙版环境下的颜色比较不同，应该说，在图层蒙版的环境下只有灰阶，没有颜色。

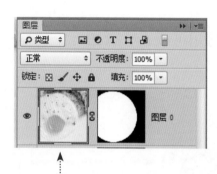

仔细看可以发现，图层缩览图上显示外框，
表示目前作用区域在图层中

点阵图层

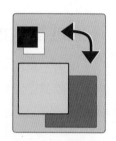

　　单击点阵图层时，缩览图外框四个角落显示框线，表示目前所有的工具都作用在点阵图层中。

　　工作范围在图层中时，可以透过色板面板或是拾色器对话框指定前景色/背景色。目前大家看到的前景色/背景色就是彩色的。

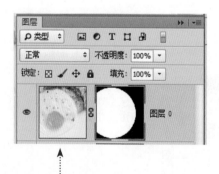

试着单击图层蒙版，四个角落显示外框线，
表示目前作用的对象是蒙版

图层蒙版

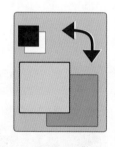

　　接着试试单击"图层0"右侧的图层蒙版，单击之后，蒙版外侧会显示框线，表示作用中。

　　工作范围在图层蒙版时，相同的颜色会以不同浓淡的灰阶显示，即便我们到色板面板中改变颜色，还是灰阶，不会显示色彩。

建立
图层蒙版

　　杨比比念了大家好几个章节，大家应该了解蒙版在图层中的作用了吧。为了让各位印象更深刻些，我们将建立蒙版的几种方式整理在这两页中，希望能加强大家对建立图层蒙版的观念，不要有压力，慢慢看。

建立白色蒙版

　　在完全没有选取范围的状态下，单击新增图层蒙版按钮，会新增一个完全没有遮盖状态的白色蒙版。

图片被黑色蒙版完全遮住
因此显示灰白相间的方格表示透明

建立黑色蒙版

　　图层在没有选取范围的状态下，按"Alt"键并单击"添加图层蒙版"按钮，会增加全黑的图层蒙版，遮住所有的影像。

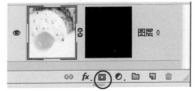

依选取范围建立

在有选取范围的状态下建立蒙版，则选取范围内会以白色显示。选取范围外会以黑色遮盖。

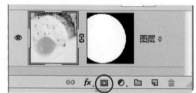

对调图层蒙版中的黑白范围

单击图层蒙版，再按下"负片效果"的快捷键"Ctrl+I"，便能互换图层蒙版中的黑色与白色，大家可以试试。

图层蒙版/矢量蒙版

手脚快的大家应该已经发现，按一下"添加图层蒙版"按钮，会建立图层蒙版，再按一下呢，又跳出来一个蒙版，这第二个蒙版就是我们下章要谈到的"矢量蒙版"，敬请期待。

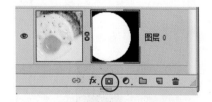

▲单击"添加图层蒙版"按钮一次能新增可以使用黑白画笔的点阵图蒙版

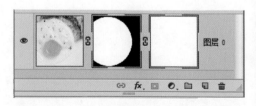

▲第二次单击"添加图层蒙版"按钮，或者按住"Ctrl"键并单击"添加图层蒙版"按钮便会新增一个专门给路径使用的矢量图蒙版

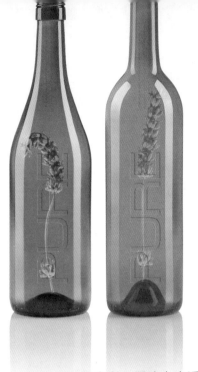

半透明物体的抠图处理

Created by Yangbibi

适用版本 CS6/CC
参考案例 素材 \03\Pic002.JPG

对商业抠图来说，要建立半透明的效果，只需要使用灰色画笔在图层蒙版上涂涂抹抹就可以了，没有网络上教得那么复杂，又不是参加比赛，轻松点！

A：导入影像

1. 打开素材图片Pic003.JPG。
2. 打开Mini Bridge面板。
3. 拖曳Pic002.PNG到编辑区。
4. 新增Pic002图层。

无法打开Mini Bridge面板的大家，请执行菜单栏"文件"选项中的"打开"命令，将Pic002.PNG放置到编辑区中。

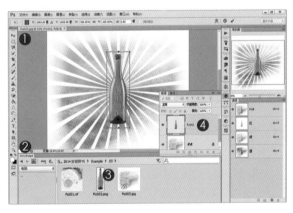

▲从菜单栏的"窗口"–"扩展功能"选项中打开Mini Bridge面板

B：调整酒瓶尺寸

1. 单击等比例按钮。
2. 拖曳控制点变更等比例调整宽高。
3. 单击"√"按钮完成尺寸调整。
4. 图层右下角出现图标。

    Pic002缩览图旁的小图标说明这是一个放大缩小失真率极低的"智能对象"图层。以后还会使用到，先有个概念就好。

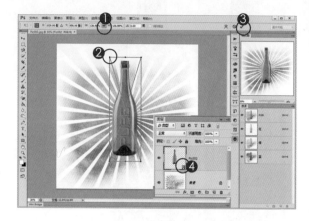

C：拉近影像画面

1. 单击"缩放工具"。
2. 勾选"细微缩放"复选框。
3. 向右拖曳鼠标光标拉近影像，必要时按下空格键不放，切换为抓手工具，拖曳调整影像显示位置。

    这应该是最后一次提醒大家，再念下去没人受得了。大家一定要记得，善用缩放工具与空格键，适度调整与拉近影像。抠图已经很费眼力了，不要再加重眼睛的负担了。

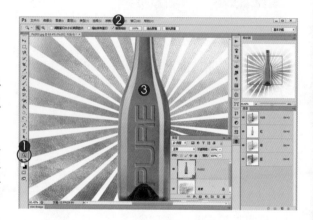

D：新增空白图层蒙版

1. 选取 Pic002 图层。
2. 单击"添加图层蒙版"按钮。
3. 增加空白蒙版。

    大家可以试着拖曳目前的白色蒙版到图层面板下方的垃圾桶按钮上放开，就能删除图层蒙版。也可以在蒙版上单击鼠标右键，透过下拉列表执行更多与蒙版有关的指令。

E：指定半透明画笔

1. 单击"画笔工具"。
2. 单击工具选项栏上的画笔图示。
3. 选取边缘模糊的圆形笔尖。
4. 单击前景色色块。
5. 打开拾色器对话框，设置 R：200、
   G：200、B：200。
6. 单击"确定"按钮。

　　前一个步骤才建立蒙版，因此目前处于
蒙版作用的状态下，即使选择红色或其他
颜色，显示出来也只是不同浓淡的灰色而已。

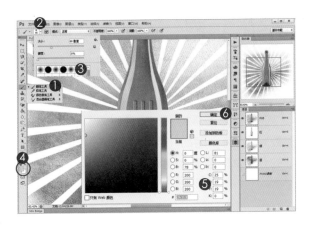

F：建立半透明效果

1. 单击图层蒙版，确认画笔能涂抹
   在蒙版中。
2. 移动鼠标光标到瓶身上，拖曳画
   笔涂抹瓶子。

　　使用画笔时，可以使用鼠标右键单击编
辑区，便能由画笔选项中调整画笔尺寸。

G：降低半透明的效果

1. 双击图层蒙版。
2. 打开"属性"面板。
3. 降低颜色浓度为"51%"。

　　51%的浓度不是一个绝对值，大家得
视情况调整数值。降低浓度后，瓶身颜色恢
复了一些，半透明的效果还是保留着，真
是太棒了，这是个简单又有效的方法。

画笔工具
尺寸与硬度控制

使用图层蒙版抠图，得随时调整画笔尺寸，以配合图形边缘。杨比比一般使用绘图板＋感压笔，因此只要控制施力的轻重，感压笔就能自动调整画笔尺寸，但是使用鼠标的大家就辛苦了，得多花点时间了解画笔尺寸的控制方式。

善用鼠标右键

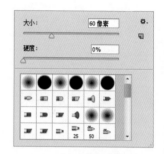

使用"画笔工具"在编辑区中涂抹时，可以单击鼠标右键，有画笔选项中，调整画笔尺寸、硬度，或是更换笔尖样式。

多用左、右方括号

在编辑区中使用"画笔工具"时，可以随时按下键盘上的"["左方括号，缩小画笔尺寸；按下键盘上的"]"左方括号，放大画笔尺寸。记得先将输入法切换为英文数字模式，才能顺利完成。

这一招比较麻烦

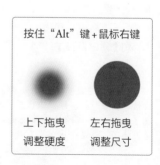

按住"Alt"键＋鼠标右键

上下拖曳 调整硬度　　左右拖曳 调整尺寸

在编辑区中使用"画笔工具"时，同时按住"Alt"键与鼠标右键：左右拖曳调整画笔尺寸；上下拖曳改变画笔硬度。大家可以试试，虽然按键多了点，但用久了还是挺方便的。

笔尖样式的
间距调整

　　"蒙版要用到画笔没错，可是这跟画笔间距有什么关系呢？话说回来，什么是画笔间距呀？"大家得好好佩服自己的眼光，挑了杨比比的书，这种细节即便是Adobe的专家都想不到，只有杨比比这种"资深玩家"才会告诉大家。

控制笔尖距离

　　启动"画笔工具"并选取笔尖形状后，请打开"画笔"面板，在"画笔笔尖形状"选项中，降低"间距"为"1%"，才不会刷出类似下图般的弧状外形。

画笔间距为50%时
刷出的结果

▼从菜单栏的"窗口"选项中打开"画
　笔"面板

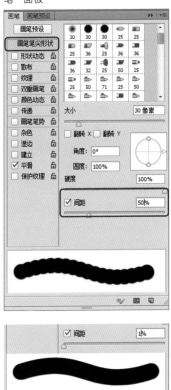

Created by Yangbibi

毛绒玩偶
抠图处理

适用版本 CS6/CC
参考案例 素材\03\Pic004.JPG

《冰雪奇缘》中最讨喜的应该就是雪宝，大家还记得它融化的模样吧！"这也太快了"然后托起两颊的逗趣表情。现在就让我们一起以这个毛绒雪宝为例，练习如何对玩偶   进行抠图处理。

A：导入图片

1. 打开素材图片Pic004.JPG。
2. 单击"缩放工具"。
3. 勾选"细微缩放"复选框。
4. 适度调整影像显示比例。

因为椅子不够宽，所以塞在椅子中间的白纸左右两侧都翘起来。杨比比没有打灯，利用了窗外投射进来的自然光，但天气不好，光线不足，略微偏暗，导致后期步骤多了一些，我们慢慢修。

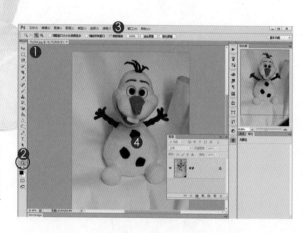

B：快速选取工具

1. 单击"快速选取工具"。
2. 将模式设为"添加到选区"。
3. 笔尖尺寸设为"300"。
4. 勾选"自动增强"复选框。
5. 由雪宝的脑门上往下拖曳。

　　先以大尺寸的笔尖选取雪宝，再按下键盘上的"["左方括号缩小笔尖尺寸，继续选取雪宝的两只手与头发。

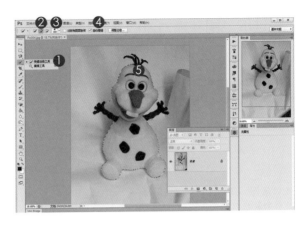

C：减去一些区域

1. 继续使用"快速选取工具"。
2. 将模式设为"从选区减去"。
3. 适度调整笔尖尺寸。
4. 拖曳鼠标光标缩减选取范围。

　　在"从选区减去"模式下，可以试着按住"Shift"键不放，便能暂时切换到"添加到选区"模式中，加入选取区域。记得使用左、右方括号适度调整快速选取工具的笔尖尺寸。

D：历史记录面板

1. 单击历史记录按钮。
2. 打开历史记录面板。
3. 面板中记录我们所下的指令，单击面板中的指令可以回到上一个步骤。

▲从菜单栏的"窗口"选项中打开"历史记录"面板

E：选取范围转换为蒙版

1. 打开图层面板。
2. 单击"添加图层蒙版"按钮。
3. 选取范围转为蒙版。

　　快速选取工具只是帮我们建立一个粗略的范围，接下来得使用黑白画笔，来完成较细致的抠图工作。

F：先准备好黑色画笔

1. 单击"画笔工具"。
2. 单击选项栏上的笔尖图标。
3. 选用边缘清晰的圆形笔尖。

　　大家也知道笔尖尺寸得配合抠图范围的大小，所以我们将就不先设定数值了！

G：指定画笔间距

1. 单击"画笔"面板按钮。
2. 打开"画笔"面板。
3. 单击"画笔笔尖形状"选项。
4. 将间距调整为"1%"，使画笔笔尖边缘平滑。

　　使用黑、白画笔增减图层蒙版时，记得先打开"画笔"面板将间距调降到"1%"，再进行涂抹，才能刷出平滑的影像边缘。

H：擦拭头发边缘

1. 单击图层蒙版。
2. 确认前景色为"黑色"。
3. 用画笔涂抹玩偶头发中间的背景。

　　头发缝隙间的背景一定要擦拭，即便擦
得不是很精确也没关系，但一定要擦，这
样等会儿编辑蒙版时，才有辨别与修正的
空间。

I：使用白色画笔增加显示范围

1. 确认在图层蒙版中。
2. 使用"画笔工具"。
3. 按下交换按钮或是按下"X"键交
   换前景色为"白色"。
4. 如果有使用蒙版遮过头的麻烦擦
   回来。

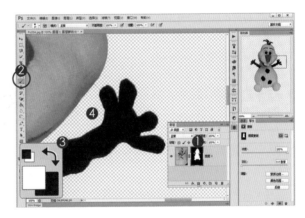

　　擦拭时，请按下"空格键"随时切换到
"抓手工具"拖曳影像，查看各部分细节。

J：基本抠图完成先存快照

1. 打开"历史记录"面板。
2. 单击"创建新快照"按钮。
3. 新增"快速1"图层。

　　为了避免接下来的编辑会有什么闪失，
先将目前的状态存放在"历史记录"面板
的"创建新快照"中，若是有情况，随时
单击面板上方的"快照"缩览图，就能恢
复到目前的状态。

K：打灯

1. 打开"调整"面板。
2. 单击"色阶"按钮。
3. 显示"属性"面板。
4. 拖曳色阶亮调按钮至"191"，中间调至"1.32"使毛色白皙，暗调至"8"增加色调对比。
5. 新增色阶调整图层。

　　如果觉得色阶数值不理想，可以随时双击色阶调整图层前方的缩览图，重新启动"属性"面板，修改当中的设定。

L：老动作加上白底

1. 单击新建调整图层按钮。
2. 执行"纯色"命令。
3. 打开拾色器对话框，将R、G、B的值都设为255。
4. 单击"确定"按钮关闭拾色器。
5. 将白色图层拖曳到图层面板的最下方。

　　试着双击纯色图层前方的白色缩览图，便能重新打开"拾色器"，指定其他背景色彩。

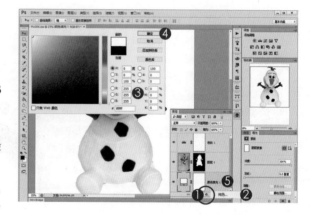

M：精细的来了

1. 单击选取蒙版并在蒙版上单击鼠标右键。
2. 执行"调整蒙版"命令。
3. 显示"调整蒙版"对话框。
4. 勾选"智能半径"复选框。
5. 扩大半径范围为"4.5"像素。
6. 单击"抓手工具"拖曳影像。

　　智能半径的数值越大，影像边缘背景色彩抽离的程度就越明显。因此大家得使用抓手工具拖曳影像位置，查看图片的细节。

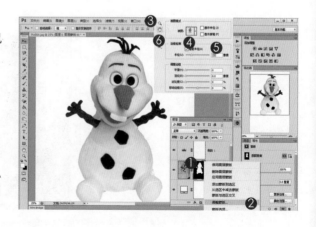

N：控制输出位置

1. 勾选"净化颜色"复选框。
2. 总量为"50"不变。
3. 输出到新建使用图层蒙版的图层。
4. 单击"确定"按钮。

　　提高智能半径数值，影像会产生毛毛的边缘（如右图所示），也刚好是我们需要的效果。

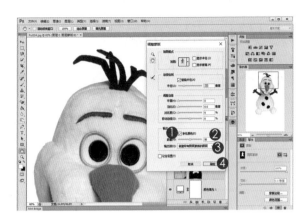

O：输出为新图层

1. 调整蒙版，输出成包含蒙版的"新图层"。
2. 双击"抓手工具"。
3. 在编辑区中显示整个玩偶。

　　现在可以将底下的白色图层关闭，存储为可以保留透明区域的PNG格式。另外，再存一份可以记录图层的TIFF或是PSD文件，就可以收工了！今天周末，杨比比不用准备晚餐，可以出门去逛逛，放假了！

历史记录面板
阶段性存档

　　年轻的时候，想得浅、看得少，很多事总觉得懂个大概就可以。上了年纪就不一样了，总想着让自己看得更宽、了解得更深入，也就是这样的心态，这几年，杨比比的工具命令越写越细，希望能帮助更多的年轻大家认识Photoshop。

▲单击"创建新快照"存储目前编辑状态

▲"从当前状态创建新文档"能将现阶段操作复制到新文件中

步骤记录数量

　　在默认环境下，历史记录面板中最多能保留20个步骤，一旦超出默认数量，Photoshop会自动移除旧的步骤，保留新的步骤。

创建新快照

　　单击"历史记录"面板下方的"创建新快照"按钮，能将目前的编辑状态记录为"快照1""快照2"。建议将快照名称改为能传达目前状态的名字，比较容易记忆。

　　单击"历史记录"面板最上方的缩览图，能回到刚打开图片的状态。单击快照缩览图，则立即恢复到快照所记录的影像状态。这表示"历史记录"面板中所保留下来的快照，不受20个默认保留步骤的限制。

从当前状态创建新文档

　　单击"历史记录"面板下方的"从当前状态创建新文档"按钮，能将目前的编辑状态直接复制到一份新的文件中。这也是我们经常使用的功能。

调整历史记录面板
保留的步骤数量

　　刚刚提到"历史记录"面板默认的保留步骤只有"20"个，其实20个步骤不算少，但是碰到使用黑白画笔进行蒙版抠图的时候，那就明显不够用了，随便涂几笔，立马就超过20个步骤，所以除了快照，我们还得学会增加步骤。

首选项设定

　　请大家执行"编辑"–"首选项"–"性能"命令，以便能在"历史记录与高速缓存"区块中指定"历史记录状态"的数量。

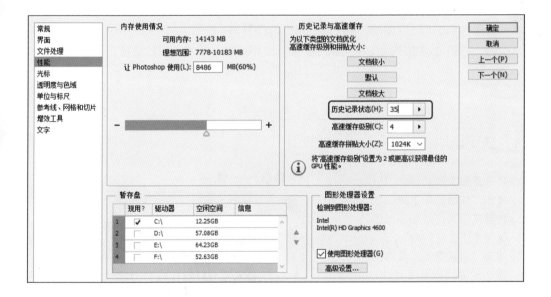

历史记录状态

　　最少的步骤记录数量是"1"，最多能到达"1000"，那真是不知道该怎么说了，有谁会想回到第1000个步骤之前，实在无聊。建议大家将数值控制在"35"左右，既不会占据太多内存位置，也还够用。

对毛发进行细致的
抠图处理

适用版本 CS6\CC
参考案例 素材\03\Pic005.JPG

雪宝体积小，可以棚拍，能在背后塞白纸作背景。碰到斑马可就不能用这些办法了，既不能让它不动，也不能左右光线的变化，更不能控制场景，只能靠技巧了！

A：快速选取

1. 打开素材文件 Pic005.JPG。
2. 单击"快速选取工具"。
3. 将模式设为"添加到选区"。
4. 画笔大小为"500"。
5. 勾选"自动增强"复选框。
6. 移动画笔到斑马身上，拖曳画笔选取斑马。

　　快速选取工具本来就是选个大概范围，别指望在这种颜色相近的环境中，能有很精准的表现，不用浪费太多时间。

B：增加鬃毛的选取范围

1. 单击"套索工具"。
2. 将模式设为"添加到选区"。
3. 设置羽化值为"0 像素"。
4. 拖曳鼠标光标，框选斑马的棕毛。

　　多选取一点范围才有抠图的空间，才能分辨出主体与边界。

C：图层蒙版出场

1. 单击"新增图层蒙版"按钮。
2. 建立蒙版，用黑色遮住背景，白色
   显示斑马。
3. 单击"画笔工具"。
4. 指定边缘清晰的小尺寸笔尖。
5. 将模式设为"正常"。
6. 设置不透明度为"100%"。
7. 选择前景色为"黑色"。
8. 拖曳黑色画笔遮住多余的区域。

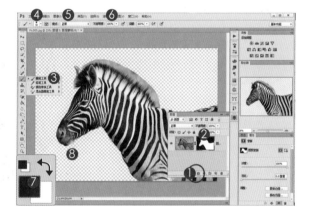

　　背景图层一旦加入蒙版后，便会摆脱原有的性质，并自动更名为"图层0"。

D：调整蒙版

1. 用鼠标右键单击蒙版。
2. 执行"调整蒙版"命令。
3. 单击"视图"按钮。
4. 选取"白底"。
5. 编辑区中也会显示白底。

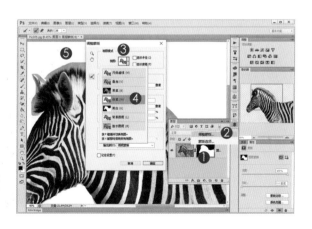

　　"白底"是暂时的，仅供编辑"调整蒙版"的过程中使用。一旦关闭"调整蒙版"对话框，白底就会自动消失。

E：调整边缘画笔工具

1. 单击"调整边缘画笔工具"。
2. 单击工具选项栏中的"画笔工具"。
3. 将大小调整为"60"。
4. 拖曳画笔涂抹斑马的鬃毛。
5. 按住空格键不放，能暂时切换到抓手工具，拖曳调整显示的范围。

　　背景与斑马的颜色实在太接近，画笔涂抹完之后，还是有点残影，不急，继续往下擦拭涂抹，涂抹的范围越大，残影会越少。

F：继续分离背景

1. 使用"调整边缘画笔工具"。
2. 按住空格键不放，使用抓手工具拖曳画面。
3. 继续使用"画笔工具"涂抹斑马的鬃毛部分

　　对于斑马背上或是脖子这类比较平滑的区域，尽量不要使用调整画笔，以免边缘模糊。

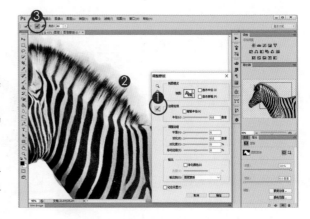

G：加强对比

1. 设置对比度为"29"。
2. 斑马的鬃毛一根根非常清晰，模糊的背景颜色也消失了。
3. 勾选"净化颜色"复选框。
4. 输出结果到新增图层中。
5. 单击"确定"按钮

　　如何？相当的厉害吧！前一章我们学过平滑、羽化，但调整边缘中的对比，实在非常高明，可以立马处理掉模糊的背景。

H：新增纯色图层

1. 单击"创建新的填充或调整图层"
   按钮。
2. 执行"纯色"命令。
3. 指定R、G、B的值均为255。
4. 单击"确定"按钮。
5. 将纯色图层拖曳到中间。

　　如果觉得白色与斑马身上的白条纹太过
接近，可以更换成其他色彩，不要选黑色！

I：再使用画笔增强一下

1. 使用"画笔工具"。
2. 选取边缘模糊小尺寸笔尖。
3. 将模式设为"正常"。
4. 降低不透明度为"50%"。
5. 选择前景色为"黑色"。
6. 单击图层蒙版。
7. 拖曳画笔涂抹擦拭不完整的边缘。

　　按"X"键能交换前景色和背景色，随
时变更黑白两色，以增减斑马的边缘。

J：换个方式启动调整蒙版

1. 双击图层蒙版。
2. 立即显示"属性"面板。
3. 单击"蒙版边缘"按钮。

　　除了这个方法之外，大家也可以试着单
击图层蒙版，再执行"选择"菜单当中的
"调整蒙版"指令。

K：移动边缘

1. 设置移动边缘为"-50"。
2. 调整画笔涂抹过的区域，大幅向内缩减，背景色彩移除得更干净。
3. 单击"确定"按钮。

　　以后碰到毛发，或是毛茸茸的玩偶，都可以使用调整边缘画笔工具来刷一刷，或许再搭配"对比度"与"移动边缘"参数，就很完美了！

调整蒙版的
对比度

　　"调整蒙版"功能诞生于CS5，经过几个版本的修正与加强之后，"调整蒙版"已经是精细抠图的代名词，大家只要能掌握好"调整蒙版"中的每项具体功能，就能精通数码摄影后期处理。

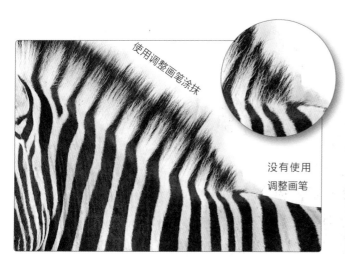

调整边缘画笔工具

　　使用"调整边缘画笔工具"涂抹过的鬃毛，如果与背景色彩反差不大，容易显示模糊的背景色。

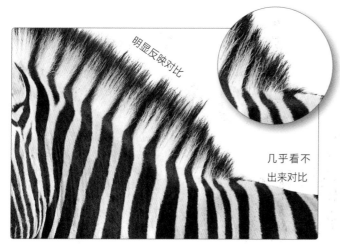

提高对比度

　　对比度参数提高后，可以发现，经由调整画笔涂抹的区域，所产生的效果特别明显，作用特别强烈。

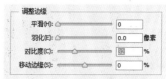

调整蒙版的
移动边缘

　　大家如果对"移动边缘"有点陌生，那改成"扩张""缩减"就明白了吧。"移动边缘"以正负数值表示蒙版边缘是向外扩张，还是向内缩减。同样，使用"调整边缘画笔工具"刷过的区域，更能明显反映出边缘增减的状态。

使用调整画笔涂抹

没有使用
调整画笔

移动边缘 -50

　　负值表示向内缩减；透过左图可以明显感受到，经过调整画笔涂抹过的鬃毛对于移动边缘的数值变化反应很大。

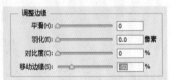

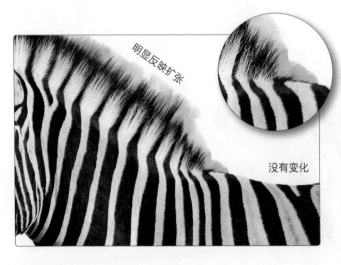

明显反映扩张

没有变化

移动边缘 +50

　　正值表示向外扩张。透过左图可以发现，调整边缘画笔工具处理过的区域与处理前的效果相差很多！

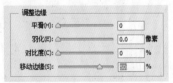

Created by Yangbibi

毛发抠图
快速练习

适用版本 CS6\CC
参考案例 素材\03\Pic006.TIF

几乎所有毛茸茸的物品，都可以用"蒙版调整"功能快速移除毛发背后的影像，尤其是这类在白纸上拍摄的小玩偶，去除背景非常简单。

A：载入选取范围

1. 在Photoshop中打开素材文件
   Pic006.TIF。
2. 打开"通道"面板。
3. 按住"Ctrl"键并单击"Alpha1"
   通道缩览图。
4. 加载白色区域为选取范围。

▲从菜单栏的"窗口"中打开"通道"面板

　　杨比比使用"快速选取工具"先抓出一个大概的范围，再运用"套索工具"的"添加到选区"模式，将玩偶脑袋上的毛发整个框选起来。完成后，执行"选择"菜单中的"存储选区"命令，将选取区域存放在通道中。

B：建立图层蒙版

1. 单击"添加图层蒙版"按钮。
2. 新增图层蒙版。
3. 通道中也对应相同的蒙版。
4. 从菜单栏中选择"选择"。
5. 执行"调整蒙版"指令。

　　通道面板中斜体字样的"图层0 蒙版"
通道，与图层中的蒙版是一体的，两者必
须并存。简单地说，一旦我们在图层面板
中建立一个蒙版，通道面板中就会对应一
个相同的蒙版通道。

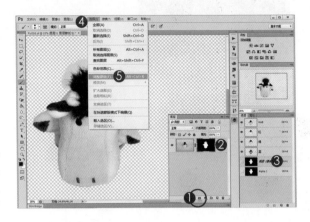

C：白底还是比较好

1. 显示"调整蒙版"对话框。
2. 单击"视图"缩览图。
3. 从下拉列表中选取"白底"。

　　大家可以使用"调整蒙版"对话框左
侧的放大镜来调整图片的显示比例，必要
时按下空格键，能暂时切换为"抓手工具"
拖曳影像查看画面。

D：调整半径工具

1. 单击"调整边缘画笔工具"。
2. 将模式设为"画笔"。
3. 设置画笔尺寸为"150"像素。
4. 拖曳画笔涂抹玩偶的黑色毛发。

　　在"调整蒙版"对话框中，什么参数都
不用调整，使用调整画笔直接往玩偶头上
的黑色鬃毛刷下去，立马干干净净，连对
比度都不用调整。

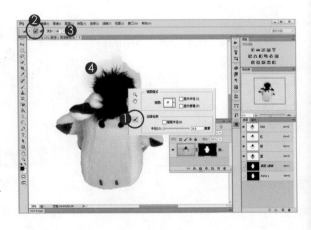

E：注意玩偶边缘

1. 仍然使用"画笔"。
2. 沿着玩偶边缘涂抹，刷出模糊的边缘与绒毛。
3. 单击"确定"按钮。
4. 调整的结果直接反映在目前的图层蒙版中。

　　由于原本的遮色范围太笼统，实在没必要保留，因此直接将调整的结果覆盖在目前的蒙版范围中，省得又多一个图层。

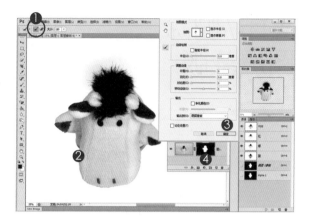

F：储存选取范围

1. 用鼠标右键单击图层蒙版。
2. 添加蒙版到选区，载入白色区域为选取范围。
3. 从菜单栏中选取"选择"。
4. 执行"存储选区"命令。
5. 将选区命名为"抠图完成"。
6. 单击"确定"按钮。

　　习惯使用快捷键的大家，可以试着按住"Ctrl"键不放，然后单击图层蒙版，也能顺利载入白色区域为选取范围。

G：观察通道

1. 单击"通道"按钮。
2. 打开"通道"面板。
3. 在通道面板中可以看见基本的RGB通道。
4. 此外还有三个选取范围。

　　"Alpha 1"通道是杨比比建立的，范围不够精确，大家可以将"Alpha 1"通道拖曳到垃圾桶按钮上删除。斜体字样的"图层0蒙版"与我们存储"抠图完成"内容完全相同，但需要同时保留，等一下杨比比会跟大家解释原因。

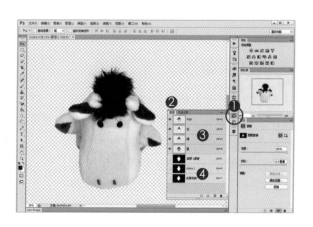

关闭／删除
图层蒙版

图层蒙版一旦加入图层之中，便能以不同程度的灰阶色调来遮盖图层中的影像。让我们整理一下："黑色"可以遮住图层中的影像；"灰色"可以使图层中的影像以半透明显示；"白色"可以清晰显示图层中的影像内容。

停用图层蒙版

在图层蒙版上单击鼠标右键，由下拉列表中选择"停用图层蒙版"指令，便能暂时关闭蒙版。再次用鼠标右键单击蒙版，执行"启用图层蒙版"命令就可以启用蒙版。

删除图层蒙版

在图层蒙版上单击右键，从下拉列表中选择"删除图层蒙版"指令，或者将图层蒙版拖曳到"图层"面板下方的垃圾桶按钮上，也能将图层蒙版删除。两种方法都不错，大家自己挑一种方式。

应用/复制
图层蒙版

　　如果两个图层需要使用同一个蒙版，重做当然不明智，重新载入又有点慢，复制蒙版最快了，虽然在图层蒙版的右键下拉列表中没有复制这个选项，但是我们可以运用快捷键完成图层蒙版的复制操作。

复制图层蒙版

1. 按住"Alt"键不放，拖曳图层蒙版。
2. 将图层蒙版拖曳到上方的色阶调整图层的蒙版上。
3. 单击"是"按钮取代图层蒙版。
4. 显示相同的图层遮色范围。

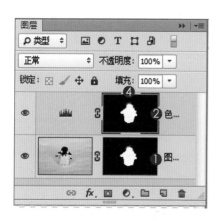

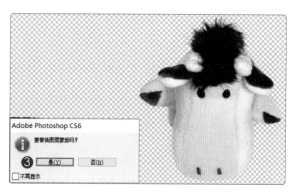

应用图层蒙版

　　在删除图层蒙版之前，Photoshop 都会体贴地询问是否确定要删除，还是要应用。

　　所谓"应用"，就是目前的蒙版状态直接反映在图层中。简单地说，就是将遮掉的影像区域直接删除，这样了解吧！

对比通道
建立蒙版

适用版本 CS6\CC
参考案例 素材\03\Pic007.JPG

　　感谢淑萍妹妹的巧手拍下了车站附近的黄色风铃木，这蓝天黄花的画面，实在是一张非常经典的通道抠图案例，太有福气了，大家一起来练习。

A：载入选取范围

1. 在 Photoshop 中打开素材文件 Pic007.JPG。
2. 选项卡中显示目前的色彩模式为 RGB。
3. 打开"通道"面板。
4. 显示 RGB 组合的 4 个通道。

　　目前的影像由"红""绿""蓝"三组通道所结合成的 RGB 色彩模式，因此能在"通道"面板内看到 4 组色彩。由于通道的主要功能是协助我们进行选取，因此多以灰阶色调显示，必要时也可以修改为真实的"红""绿""蓝"。

▲从菜单栏的"窗口"中打开"通道"面板

B：显示灰阶对比

1. 打开"通道"面板。
2. 分别单击"红""绿""蓝"通道。
3. 蓝色通道反差最大。

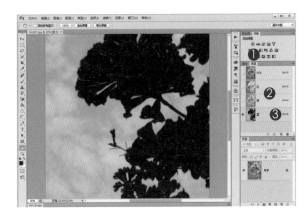

　　通道也是选取工具之一，通常我们会寻找反差最大的通道，运用它搭配魔棒工具进行选取，一起来试试吧！

C：挺好选的

1. 单击"魔棒工具"。
2. 将模式设为"添加到选区"。
3. 容差设为"65"。
4. 勾选"连续"复选框。
5. 使用魔棒工具单击黑色部分，不要漏了分段的花朵。

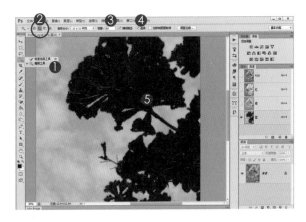

　　由于容差数值比较高，若是取消"连续"复选框的勾选，那选取的范围就很难掌握，说不定会选到天空中颜色较浓的云层。

D：回复到 RGB 模式

1. 在"通道"面板中。
2. 单击"RGB"通道。
3. 影像恢复全彩。

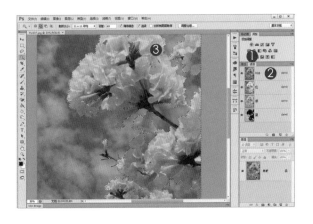

　　选取范围也清晰地显示在画面中，接下来的动作，大家应该可以不用查看步骤，自己就能完成，试试看，加油！

E：蒙版出场

1. 单击"添加图层蒙版"按钮。
2. 建立蒙版。
3. 在蒙版上单击鼠标右键，执行"调整蒙版"指令。
4. 显示"调整蒙版"对话框。
5. 选择"白底"视图。

　　单击工具箱或是调整蒙版对话框旁的放大镜工具，拖曳拉近影像，查看边缘局部。看得出来吧，还有背景颜色混在花瓣边缘。

F：向内缩减选取范围

1. 勾选"智能半径"复选框。
2. 将半径设为"2.4"像素。
3. 将"移动边缘"滑块拖动到"-33"，表示向内缩减选取范围。

　　这样边缘就处理得差不多了，可以先单击"确定"按钮结束调整蒙版指令，再来观察影像的各部分细节，尤其是树枝部分。

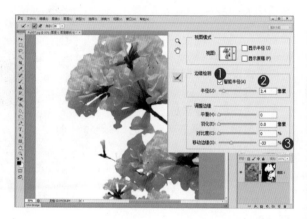

G：还原树枝

1. 单击"画笔工具"。
2. 使用边缘清晰的小画笔。
3. 前景色设为"白色"。
4. 单击图层蒙版。
5. 拖曳白色画笔将缩减掉的树枝再刷回来。

　　为了修掉花瓣旁的天空色彩，我们在调整蒙版中向内缩减了较大的范围，也因为这样，树枝都被我们修掉了，所以得使用白色画笔再将树枝刷回来。大家可以按住空格键，拖曳画面查看影像的其他细节。

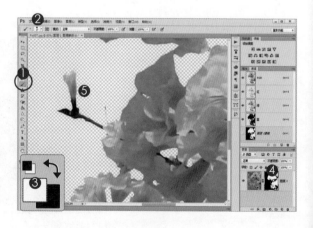

挑选通道
考虑对比

挑选抠图工具需要经验的累积，就像医生看诊一样，患者还没开口说话，就能看出四五分病情。当影像内容复杂、颜色统一性不高时，通道是一个很好的开始，借由灰阶状态，找出对比度最高的通道，很容易就能选取到需要的范围。

 RGB通道　　 红通道　　绿通道　　　　　 蓝通道

不同的色彩模式有不同的通道

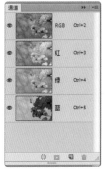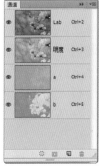

若是在 RGB 色彩模式下找不到对比明显的通道，可以考虑从"图像"-"模式"菜单选项下，将色彩模式变更为Lab。Lab模式的色域（可以包容的颜色数量）比RGB 更大，因此不会压缩或是改变影像原有的色彩。或许更换为Lab模式不见得能找到更明显的对比，但却是一个还不错的方法。

复制通道内
的单一通道

以RGB色彩模式为例，通道面板中会以RGB、红、绿、蓝4组通道表现目前的色彩模式。由于基本通道不能增减，否则会破坏影像的色调，因此必要时可以考虑复制通道，以增强该通道的对比性，协助我们更快地建立选取范围。现在让杨比比陪着大家，一起来看看复制通道的流程。

步骤一
打开通道面板

上图显示的是由RGB与红、绿、蓝所组合的通道状态，目前通道是不可分离的，即便我们单击鼠标右键也无法执行下拉列表内的功能。

步骤二
单击要复制的通道

单击面板中需要复制的通道，选取之后，其他的通道会自动关闭，可以确保我们在复制的过程，不会对其他通道产生影响。

步骤三
拖曳通道到新增按钮

试着在选取的蓝通道上单击右键，执行"复制通道"命令，或是直接拖曳蓝通道到新增图层按钮上放开，便能复制蓝通道。

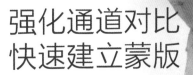

强化通道对比
快速建立蒙版

Created by Yangbibi

适用版本 CS6\CC
参考案例 素材\03\Pic008.JPG

杨比比知道大家多么渴望看到年轻美女贴着墙壁回眸一笑的美照，可惜杨比比平常都在市场出没，能找的素材有限，刚刚还拍了几根辣椒。

A：对比通道

1. 在Photoshop中打开素材文件
   Pic008.JPG。
2. 选项卡中显示目前的色彩模式为
   RGB。
3. 打开"通道"面板。
4. 显示以RGB组合的通道。

就目前的缩览图来看，"蓝"通道对比度是最高的，"红"通道对比度最低，那我们就从"蓝"通道下手进行调整吧！

▲从菜单栏的"窗口"中打开"通道"面板

B：复制通道

1. 单击"蓝"通道。
2. 拖曳"蓝"通道到新增通道按钮上放开。
3. 复制出"蓝 拷贝"通道。

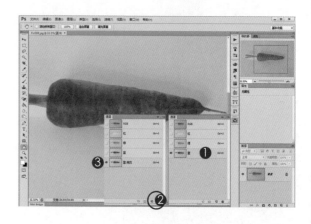

　　"为什么红、绿、蓝通道不是彩色的？"彩色变量大且不容易辨识对比，当然，如果大家想试试，也可以到菜单栏的"编辑"-"首选项"-"界面"项目中，勾选"用彩色显示通道"复选框，看过就好，记得要改回灰阶模式。

C：启动色阶指令

1. 从菜单栏中选择"图像"。
2. 从弹出的下拉列表中选取"调整"选项。
3. 执行"色阶"命令。
4. 显示"色阶"面板。

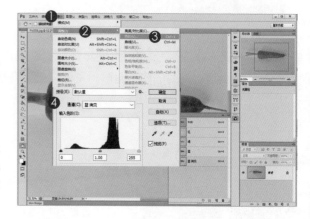

　　色阶图下方有三个控制按钮，大家可以依据颜色判别，由左至右，分别为"暗调""中间调""亮调"，这三组调性也是控制影像明暗最基本，也最具弹性的功能。

D：增加通道对比

1. 确认选取"蓝 拷贝"通道。
2. 向中间拖曳亮调控制按钮。
3. 向中间拖曳暗调控制按钮，便能提高影像的对比度。
4. 或者直接调整参考数值。
5. 单击"确定"按钮。

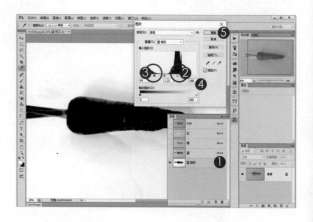

　　如果色阶对话框还没关闭，大家可以试着按住"Alt"键不放，对话框上的"取消"按钮会变为"复位"。单击"复位"按钮可以移除所有调整的数据，回复原有的设定。

E：使用魔棒最快

1. 确认选取"蓝 拷贝"通道。
2. 单击"魔棒工具"。
3. 将模式设为"添加到选区"。
4. 将容差值设为"85"。
5. 勾选"连续"复选框。
6. 单击编辑区中的黑萝卜。

　　由于我们处于"添加到选区"模式之下，因此可以使用魔棒工具连续单击萝卜其他较浅的色调，直到萝卜的每一个部分都被选到为止。

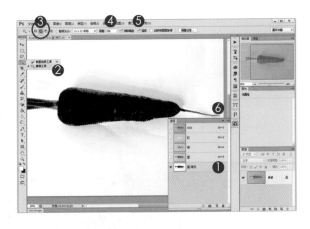

F：恢复正常

1. 单击"RGB"通道便能同时开启红、绿、蓝通道。
2. 编辑区中胡萝卜的颜色恢复正常。

　　图片看起来没有什么问题，接下来只要使用"调整蒙版"功能进行边缘精修就可以了。

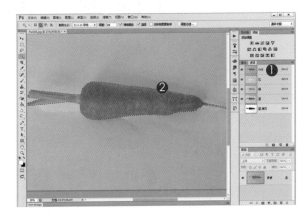

G：建立图层蒙版

1. 单击"添加图层蒙版"按钮。
2. 增加图层蒙版。
3. 编辑区中灰白方格表示透明。
4. 通道中也显示相同的蒙版。

　　杨比比省略接下来的"调整蒙版"步骤，相信大家已经很熟悉，自己来操作一次应该没有问题。现在蒙版与通道都搞定了，接下来，我们看路径。

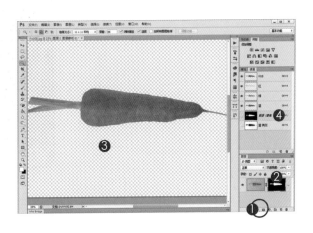

摄影：杨比比
1/60s ISO 320 f/11
60.0mm f/2.8
2014/2/25 下午14:54:46

第 4 章
矢量路径抠图
专业篇

Created by Yangbibi

原厂会给
含路径的文件

适用版本 CS6\CC
参考案例 素材\04\Pic001.JPG

梦幻般的珍品Df是Nikon于2013年推出的全画幅复古相机，不仅具备高端单反D4的优越性能，而且体型轻巧，是市场上比较亮眼的微单相机。

A：查看路径

1. 打开素材文件Pic001.JPG。
2. 打开"路径"面板。
3. 显示相机外形的路径。

　　不能不服老，拉完Df的外框路径后，眼睛好久不能聚焦（揉眼睛）。抠图、修片、写书都是相当费眼力的工作，大家要好好爱护眼睛，不要浪费在玩手机、打游戏上面。

▲从菜单栏的"窗口"中打开"路径"面板

B：选取路径

1. 确认打开"路径"面板。
2. 单击"Df"路径。
3. 相机外侧显示路径线。

　　大家画面上的路径线没有右图那么明显，就是一条很细的灰色实线而已，不容易辨识，所以杨比比才特别画了这条线，大家得仔细看，就在相机的外侧。

C：转换为矢量蒙版

1. 相机外侧显示路径后。
2. 回到"图层"面板。
3. 按住"Ctrl"键不放，单击"添加图层蒙版"按钮。
4. 依据路径建立矢量蒙版。

　　如果没记错，杨比比在上一章结束前跟大家提过建立蒙版的几种方式，其中就有一种方式是在有路径的状态下，按住"Ctrl"键不放，单击添加图层蒙版按钮，便能依据现有路径，建立矢量蒙版。

D：检查一下抠图效果如何

1. 单击"创建新的填充或调整图层"按钮。
2. 执行"纯色"命令。
3. 指定R、G、B的值皆为60。
4. 单击"确定"按钮。
5. 拖曳纯色图层到图层面板的最下方。

　　Nikon Df为了复古，机械转盘特别多，路径线拉起来相当辛苦。就目前的画面来说，整体的抠图表现还不错，但杨比比留了个小缺陷给大家，一起来看看。

E：拉近影像

1. 单击"缩放工具"。
2. 勾选"细微缩放"复选框。
3. 向右拖曳放大镜光标拉近影像，必要时按住空格键切换为"抓手工具"并拖曳影像到相机右下角。

　　杨比比有个毛病，不会按电梯，弄不清楚该是电梯下来，还是人要上去，上下经常乱成一团。那分不清左右就是小事了，如果写错方向，大家要包容，应该是右下角没错。

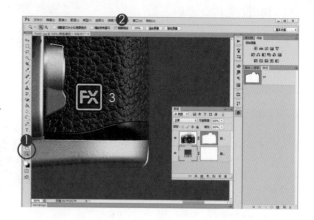

F：移动锚点

1. 单击矢量图层蒙版缩览图。
2. 单击"快速选择工具"。
3. 在相机右下角拖曳鼠标光标，拉出矩形范围选区框选锚点，显示两个黑色锚点。

　　如果要简单地分析"路径"，那就是由很多"锚点"结合面成的矢量线段，具有文件小、平滑度高、放大缩小不会产生如同像素网格一般的锯齿边缘的特点。

G：调整锚点位置

1. 使用"快速选择工具"。
2. 确认两个锚点显示黑色，按下左方向键慢慢移动锚点的位置，直到路径线贴齐相机边缘。

　　如何？锚点还蛮友善的吧！调整起来也挺弹性的。有了这段体验之后，等会儿就能一起认识路径，并且分析一下，哪些物体适合使用路径来进行抠图。

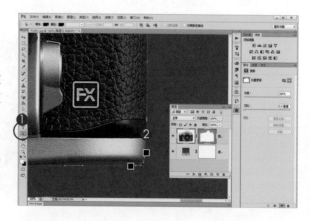

H：检查路径

1. 确认选取矢量蒙版。
2. 打开"路径"蒙版。
3. 除了原来的"DF"路径。
4. 新增了"图层0矢量蒙版"路径。

　　记得我们添加蒙版的时候，通道面板也会产生一个相同的蒙版，目前路径面板与图层面板所指的是同一组矢量蒙版，两者必须同时存在，删掉一个，另一个也会消失。

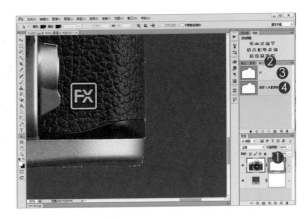

I：存储路径

1. 双击"图层0矢量蒙版"路径。
2. 弹出"存储路径"对话框。
3. 名称为"DF NEW"。
4. 单击"确定"按钮。
5. 新增"DF NEW"路径。

　　"DF"这条路径有瑕疵，修正后的结果显示在"图层0矢量蒙版"路径中，为了万无一失，建议大家将修正的路径以上述的方式保留下来。

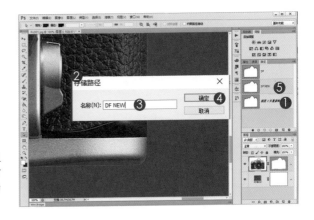

J：删除路径

1. 打开"路径"面板。
2. 拖曳"DF"旧路径。
3. 将该路径拖动到垃圾桶按钮上删除。
4. 目前"路径"面板仅剩两条一样的路径。

　　如何？几个步骤下来，大家学会了选取锚点、存储路径、删除路径，看起来本章应该可以结束了，哈哈！

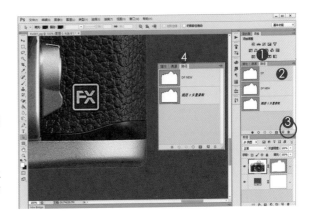

K：取消路径线

1. 打开"路径"面板。
2. 单击面板空白的区域。
3. 取消编辑区中的路径线。

　　多试几次，单击路径面板中的"DF NEW"路径，编辑区相机外侧会出现灰色路径线。单击"路径"面板的空白区域，便能取消路径线。

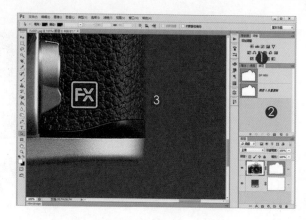

毛茸茸的边缘
不适合使用路径

　　本案例中这只毛茸茸的羊玩偶，比较适合使用图层蒙版搭配调整边缘画笔来进行抠图。但某些需要平滑外观的区域，例如羊妹妹的两只前脚，如果非要使用，路径还是能派上用场的。

　　边缘松散的油炸食品或是饼干，也不适合使用路径来进行抠图。

　　但使用何种工具抠图还是得视图片的具体情况来定，凡事没有绝对，或许客户需要一块切片平整的蛋糕、外观平滑饼干、边缘整齐的水果，那路径工具还是会派上用场的。

外形简单
线条利落

　　相机、手机等线条流畅的产品，都可以，应该说是必须使用路径工具来进行抠图，才能确保商品外形的平整。

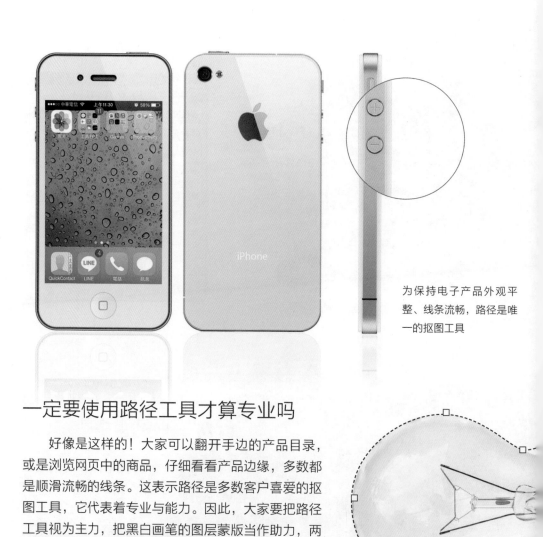

为保持电子产品外观平整、线条流畅，路径是唯一的抠图工具

一定要使用路径工具才算专业吗

　　好像是这样的！大家可以翻开手边的产品目录，或是浏览网页中的商品，仔细看看产品边缘，多数都是顺滑流畅的线条。这表示路径是多数客户喜爱的抠图工具，它代表着专业与能力。因此，大家要把路径工具视为主力，把黑白画笔的图层蒙版当作助力，两者相辅相成，才能整合出完美的影像。加油！杨比比陪着大家一起努力。

钢笔工具
初体验

Created by Yangbib:

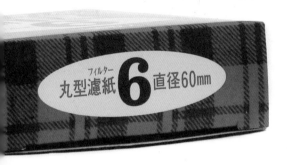

适用版本 CS6\CC
参考案例 素材 \04\Pic002.JPG

　　自从买了摩卡壶之后，家里的咖啡香味就没有断过，这可不是好事，咖啡颗粒的粗细、火候的控制、滤纸的加装，口味不同的咖啡，不知道还要喝多久。

A：打开素材文件

1. 打开素材文件Pic002.JPG。
2. 打开"路径"面板。
3. 面板中什么都没有。

　　当然没有路径，素材文件如果把路径都拉好了，那不是剥夺大家练习的机会吗？

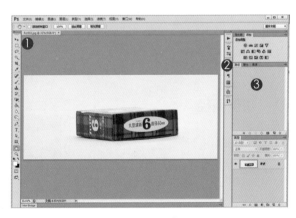

▲从菜单栏的"窗口"中打开"路径"面板

B：钢笔工具

1. 单击"钢笔工具"。
2. 将模式设为"路径"。
3. 移动游标到滤纸盒边缘，单击鼠标左键建立锚点。
4. 路径面板显示工作路径。

　　所谓的"工作路径"就是路径暂存区，仅保留目前正在建立的路径，当另一条路径开工后，目前这条路径就会自动消失。有点像剪贴簿一样，当下一组物件被复制下来之后，前一组就会自动消失。

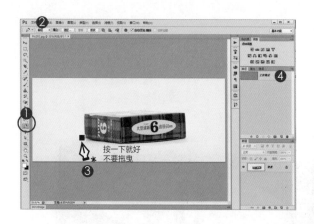

C：封闭路径

1. 直接单击滤纸盒转角。
2. 回到路径起始点后，钢笔光标边缘显示小图，单击起始点封闭路径。

　　很像之前玩过的多边形套索工具吧！在建立路径的过程中，可以按"Backspace"键取消上一个建立的锚点，大家可以试试。

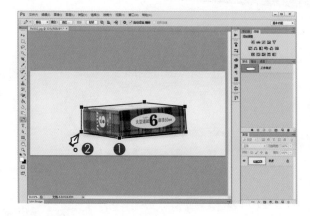

D：调整路径

1. 单击工作路径。
2. 单击"快速选择工具"。
3. 单击编辑区，先取消所有锚点的选取。

　　如果依据目前的程序，编辑区中所有的路径锚点应该都呈现黑色的选取状态，所以我们得先取消锚点的选取，再运用快速选择工具调整其中的一两个特定锚点。

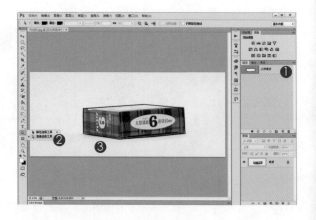

E：选取锚点

1. 确认使用"快速选择工具"。
2. 拖曳框选锚点，运用键盘上、下、左、右方向键微调锚点位置。

　　如果锚点脱离纸盒边缘太远，也可以使用"快速选择工具"拖曳锚点，改变锚点的位置。

F：建立矢量蒙版

1. 选取工作路径。
2. 按住"Ctrl"键不放，单击"添加图层蒙版"按钮。
3. 依据工作路径建立蒙版。
4. 路径面板也产生相同的路径。

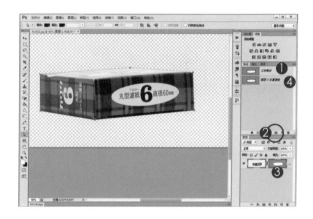

　　还记得吧！图层的矢量蒙版与路径面板的蒙版路径是相通的，两者必须同时并存。每次写到这句话，都会想到哈利·波特与伏地魔，受到的影响太深了，哈哈！

G：存储路径

1. 打开"路径"面板。
2. 双击"图层 0 矢量蒙版"路径。
3. 弹出"存储路径"对话框。
4. 名称为"BOX"。
5. 单击"确定"按钮。
6. 新增"BOX"路径。

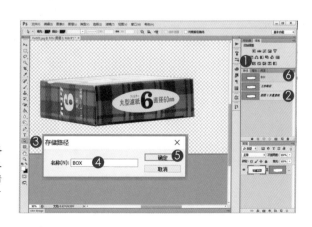

　　大家还记得吧，路径面板上斜体字的路径都不可靠，一旦路径完成，记得要依据上述方式存储路径。接下来大家可以准备存储文件了！嗯！还是存为 TIFF 格式，这样才能保留完整资料。

钢笔工具
曲线路径控制

Created by Yangbibi

适用版本 CS6\CC
参考案例 素材\04\Pic003.JPG

路径当然不是只有直线，只是曲线路径不好拉、不容易控制。杨比比翻遍家里所有的东西，也找不到合适的素材，所以只好画一只鸟，尽管只是幼儿园程度，大家请体谅哦！

A：钢笔工具

1. 打开素材文件Pic003.JPG。
2. 单击"钢笔工具"。
3. 将模式设为"路径"。
4. 打开"路径"面板。

换作是以前，杨比比不会在第二次钢笔工具的练习中，就要求大家拉曲线路径，但这似乎过分低估大家的能力，所以杨比比打算陪着各位一起试试，一定能办到的，加油！

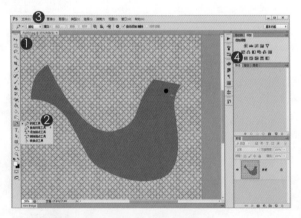

▲从菜单栏的"窗口"中打开"路径"面板

B：钢笔工具

1. 移动钢笔工具到边缘，单击鼠标左键建立锚点。
2. 移动到另一端，单击鼠标左键建立锚点。
3. 路径面板显示工作路径。

　　使用"钢笔工具"直接单击影像，产生的是直线锚点，也就是说两点链接的路径线是直线。

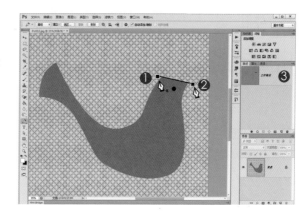

C：建立曲线锚点

1. 移动鼠标光标到凹陷的边缘，按下鼠标左键往下拖曳。
2. 拉出控制曲度的方向线。
3. 移动钢笔工具到下方，同样按下鼠标左键往下拖曳。
4. 便能拉出控制曲度的方向线。

　　这称为"粗胚"，不可能太精确。大家只要掌握拖曳方向线的要领，就能拉出弧度相似的曲线。至于精修，则是下一节我们要学习的。

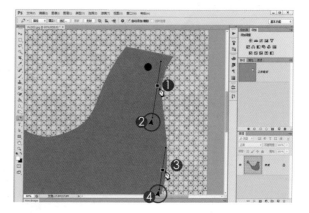

控制
曲线路径

有了前面几个步骤的指引之后，现在就请大家看看杨比比拉出的路径线，并且比对一下自己的路径与锚点数量。对了！还有一点很重要，请记得，建立路径时，锚点越少越容易控制，锚点越多，路径就越不容易调整。

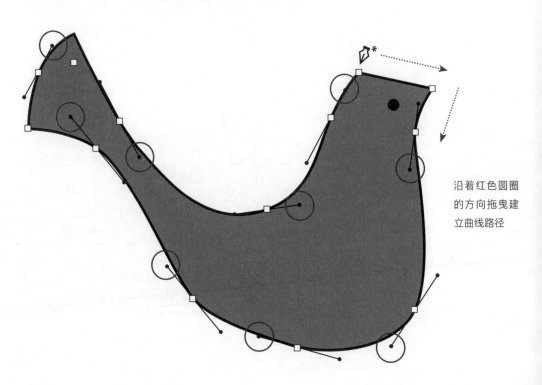

沿着红色圆圈的方向拖曳建立曲线路径

顺时针建立方向线

写书得一个字一个字地雕琢，路径得一个点一个点的拉，要建立出一条完美的路径线，除了经验之外，就是耐心哦！建立曲线路径，请顺时针拖曳方向线，这样才不会产生交错卷曲的路径曲线。

逆时针方向拖曳

顺时针方向拖曳

直线路径
最容易控制

"求救！怎么都拉不好曲线路径的弧度！"那表示我们是同一种人，方向感不太敏锐，没关系，可以从直线路径下手。这也是杨比比经常使用的方式，快速、直观、不需要思考、不用理会方向，来试试。

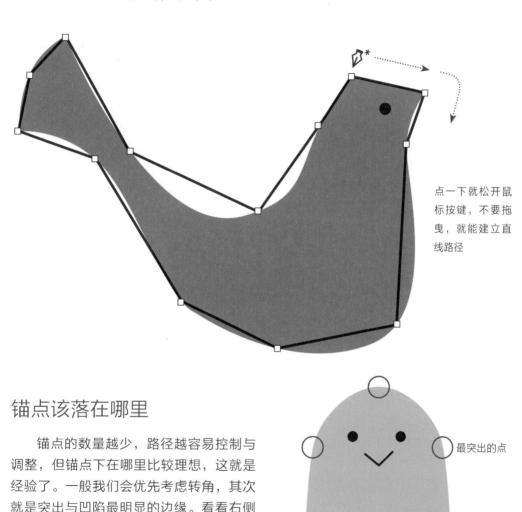

点一下就松开鼠标按键，不要拖曳，就能建立直线路径

锚点该落在哪里

锚点的数量越少，路径越容易控制与调整，但锚点下在哪里比较理想，这就是经验了。一般我们会优先考虑转角，其次就是突出与凹陷最明显的边缘。看看右侧的圆。

最突出的点

转角优先考虑

直线路径转曲线路径

适用版本 CS6\CC
参考案例 素材\04\Pic003a.JPG

A：转换锚点工具

1. 打开素材文件Pic003a.JPG。
2. 打开"路径"面板。
3. 单击"工作路径"，编辑区中显示路径线。
4. 单击"转换点工具"。
5. 单击路径线显示锚点。

　　鸟脖子的部分保留一条曲线路径，请运用转换点工具将它变更为"直线路径"。

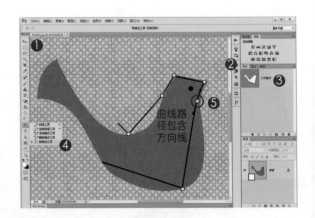

B：转换曲线为直线

1. 选择锚点转换工具。
2. 单击曲线锚点，方向线消失成为直线路径。

　　锚点转换工具能将曲线路径转换为直线路径，也能通过拖曳直线路径上的锚点，将直线路径转换为曲线路径，是编辑路径时最常用的工具。

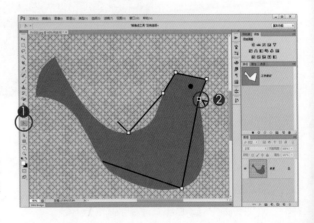

C：转换为曲线路径

1. 使用锚点转换工具。
2. 移动到锚点所在的边缘。
3. 顺时针拖曳锚点，拉出方向线。

　　拉出方向线后，锚点所控制的前后两段
路径线都会变成"曲线"。锚点两侧的曲线
弧度由方向线的长度与角度控制。

D：调整单边方向线

1. 使用"转换点工具"。
2. 拖曳单边方向线便能改变单边曲
　　线的弧度。

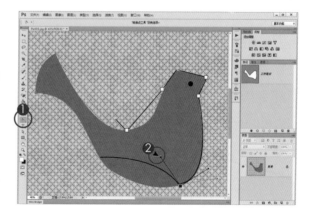

　　当锚点内部填满黑色时，表示已被选取，
大家可以使用键盘方向键，微调锚点的上、
下、左、右位置，当然，屏幕上的锚点没有
书上这么清楚，但仍然能辨识出黑色。

认识路径线
各部分的名称

　　路径是由首尾两个锚点控制而成的一条线，就理论上来说，不论路径线有多么复杂，程序只记录锚点坐标与方向线的变化，而且路径线条平整顺畅，相较于以像素结合的点阵图来说，不仅文件容量较小，而且也不会产生锯齿边缘。

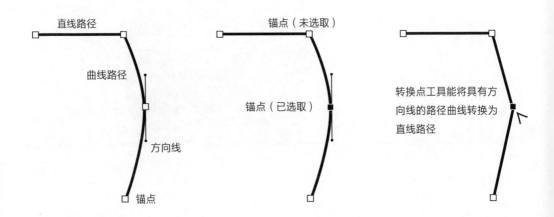

增加锚点 / 删除锚点

　　工具箱的"钢笔工具"中就有"增加锚点""删除锚点"选项，但实际操作起来，大家会发现根本不用切换工具，"钢笔工具"就具备了删除与增加锚点的功能，一笔到底，非常方便，一起来看看。

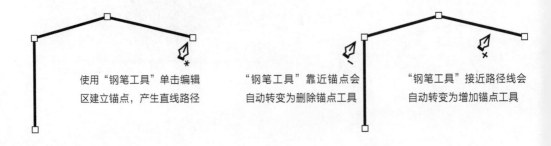

接续锚点
继续绘制

依据影像边缘建立路径线，想一次绘制完成不是不可能，但概率比较低。某些时候会调整显示的范围，或是使用抓手工具移动图片，也因为如此，路径中断的可能性很高，还好 Photoshop 提供了接续功能。

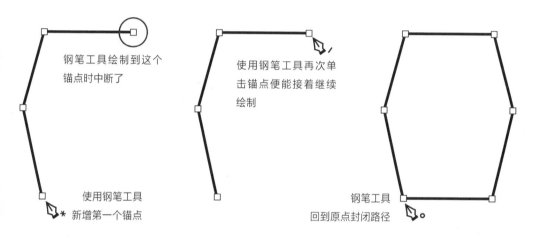

钢笔工具绘制到这个锚点时中断了

使用钢笔工具再次单击锚点便能接着继续绘制

钢笔工具回到原点封闭路径

使用钢笔工具新增第一个锚点

怎么整条路径都不见了

应该是按到键盘上的"Delete"键了。当锚点在选取状态下（方格中间是黑色的），按"Delete"键便会删除锚点，同时移除锚点所对应的路径线。大家可以参考以下的步骤。

使用钢笔工具移除锚点后，路径线仍然存在

原有的路径状态

使用直接选取工具或是转换锚点工具选取锚点，按"Delete"键

锚点两侧所对应的路径线都会被移除

矩形工具
建立路径

适用版本 CS6\CC
参考案例 素材\04\Pic004.JPG

A：矩形工具

1. 打开素材文件Pic004.JPG。
2. 单击"矩形工具"。
3. 将模式设为"路径"。
4. 单击"路径操作"按钮。
5. 执行"合并形状"命令。

　　因为我们只建立一条路径线段，没打算做加减路径的动作，所以随便选哪一个都可以。

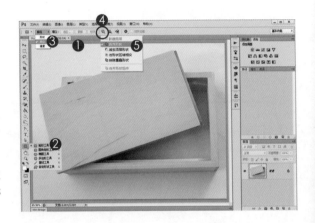

B：拉出矩形路径线

1. 拖曳拉出矩形路径。
2. 打开"路径"面板。
3. 显示目前的工作路径。

　　斜体字样的"工作路径"是路径线段的暂存环境，待路径调整完毕，记得双击完成的路径，依据之前练习的流程，保存一份。

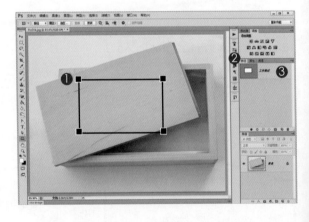

C：调整锚点工具

1. 单击"直接选择工具"。
2. 单击选取锚点。
3. 将选中的锚点拖曳到木板边缘。

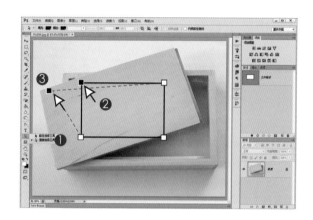

　　如果四个锚点都呈现黑色，直接选取工具可以先单击路径线外侧，取消所有锚点的选取后，再单击需要调整的锚点。

D：调整单边方向线

1. 将锚点调整到木板边缘。
2. 完成"工作路径"。
3. 按住"Ctrl"键不放，单击"添加图层蒙版"按钮。
4. 也能在图层中加入矢量蒙版。

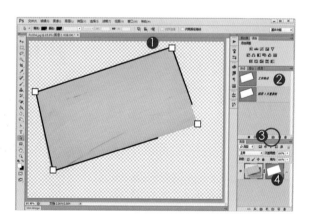

　　路径面板下方的添加图层蒙板按钮与图层面板中的蒙版按钮作用完全相同，在哪里按都一样，就看哪边方便。CS5 的路径面板中没有"添加图层蒙版"按钮。

矩形工具
减去模式

适用版本 CS6\CC
参考案例 素材 \04\Pic005.JPG

A：矩形工具

1. 打开素材文件 Pic005.JPG。
2. 单击"矩形工具"。
3. 将模式设为"路径"。
4. 单击"路径操作"按钮。
5. 执行"减去顶层形状"命令，即前、后路径相减。

　　以最外侧的木制相框为主要路径，减去中间猫咪的照片，制作出一个空白的相框物件。

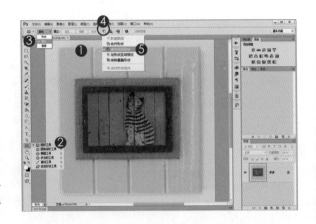

B：建立矩形路径线

1. 拖曳拉出矩形路径。
2. 打开"路径"面板。
3. 显示目前的工作路径。

　　先别急着调整锚点，等路径全部拉完，再使用"直接选取工具"分别控制锚点的位置。

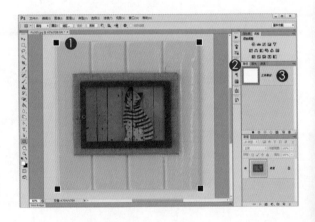

C：减去中间的相片

1. 使用"矩形工具"。
2. 仍然使用"路径"模式。
3. 操作方式不变。
4. 继续拖曳出矩形范围。
5. 工作路径中显示要删减的范围。

    如果将目前的状态直接转换为矢量蒙版，缩览图中所有灰色区域将被遮盖。

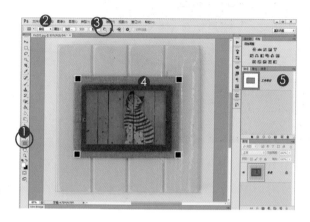

D：调整锚点

1. 单击"直接选取工具"。
2. 单击锚点，拖曳调整锚点位置。
3. 在弹出的提示框中单击"是"按钮转换矩形为一般路径。
4. 按住"Ctrl"键不放，单击"添加图层蒙版"按钮。

    通过此上操作，就能依据工作路径，在图层面板中增加一组"矢量蒙版"。这些都是基本功能，大家得好好练习，接下来的工作才会得心应手。

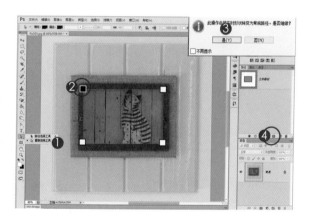

组合
多条路径

适用版本 CS6\CC
参考案例 素材 \04\Pic006.JPG

　　不见得每条路径都得使用"钢笔工具"慢慢创建，大家可以试试接下来的方法，结合两条矩形路径线，并略微调整，使之成为仿古字母盒的抠图范围。

A：建立矩形路径

1. 打开素材文件 Pic006.JPG。
2. 单击"矩形工具"。
3. 将模式设为"路径"。
4. 单击"路径操作"按钮。
5. 执行"组合形状"命令。
6. 拖曳拉出矩形路径。
7. 新增"工作路径"。

　　不用着急修改锚点位置，等大致的路径都拉好，再来调整。还有一条矩形路径要拉。

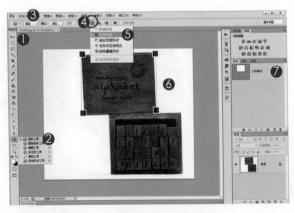

▲从菜单栏的"窗口"中打开"路径"面板

B：第二条矩形路径

1. 使用“矩形工具”。
2. 将模式设为“路径”。
3. 保持操作状态不变。
4. 拖曳拉出第二条矩形路径。
5. 路径面板中显示目前的工作路径。

　　我们设定的路径结合的方式为“合并形状”，因此第二条矩形路径建立后，并未取代第一条路径，而是两者结合成同一组工作路径。

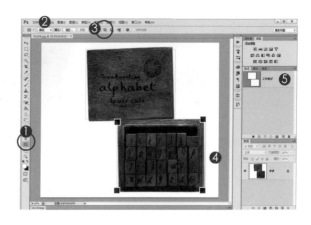

C：调整锚点位置

1. 确认选取“工作路径”。
2. 单击“直接选取工具”。
3. 单击选取锚点，分别调整锚点的位置。

　　在CC版本中，使用直接选取工具调整矩形工具所建立的路径时，才会显示“此操作会将形状转换为一般路径”的提示，请单击“是”按钮，或者勾选“不再显示”复选框。

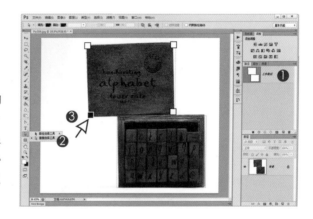

D：合并形状

1. 使用“直接选取工具”。
2. 单击选取“工作路径”。
3. 单击“路径操作”按钮。
4. 执行“合并形状组件”命令。
5. 合并完成的工作路径。

　　路径合并完成后，原有的两条路径合并成一条，但性质不变，我们仍然能使用“直接选取工具”分别调整路径上的锚点。

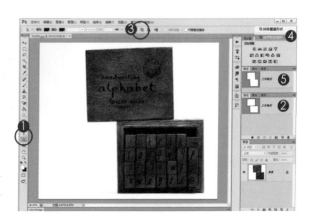

E：建立矢量图层蒙版

1. 选取工作路径。
2. 按住"Ctrl"键不放，单击"添加图层蒙版"按钮。
3. 建立矢量图层蒙版。
4. 灰白方格表示透明区域。

　　透过相机拍摄的照片是以"像素"组成的"点阵图"，面对矢量这类工整平滑的线条，多少有点偏差。因此，杨比比建议大家尽量让路径线切入圆形内，简单地说，大约得牺牲两三像素的边缘。

F：合并后还是可以调整

1. 使用"直接选取工具"。
2. 单击锚点，使用键盘方向键微调锚点的位置。

　　大家也可以试着使用"直接选取工具"框选多个锚点，并按下键盘方向键，便能同时调整多个锚点的位置。

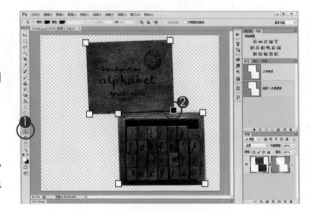

G：取消路径线的显示

1. 打开"路径"面板。
2. 单击面板空白处。
3. 取消路径线的显示。

　　近年来Photoshop中变动最大的工具就是路径与形状，因此杨比比仅能依据CS6与CC版本的内容进行说明，CS5以前的版本真的无法并入，请大家多多体谅。

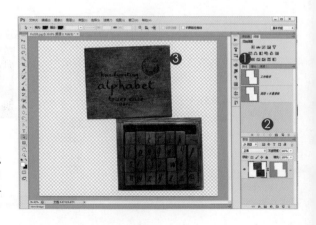

路径
选取工具

每个人的工作习惯不同，"路径选取工具"对杨比比来说，是一款使用率较低的工具。它主要的作用在于选取整条路径，简单地说，就是当使用"路径选取工具"单击路径时，所有的锚点都会呈现选取状态。

路径选取工具 操作流程

1. 单击"路径选取工具"。
2. 打开"路径"面板。
3. 单击需要编辑的路径。
4. 单击编辑区中的路径线，显示路径线上的所有锚点。
5. 拖曳路径可以移动位置。
6. 按住"Ctrl"键不放，路径选取工具会暂时切换为直接选取工具。

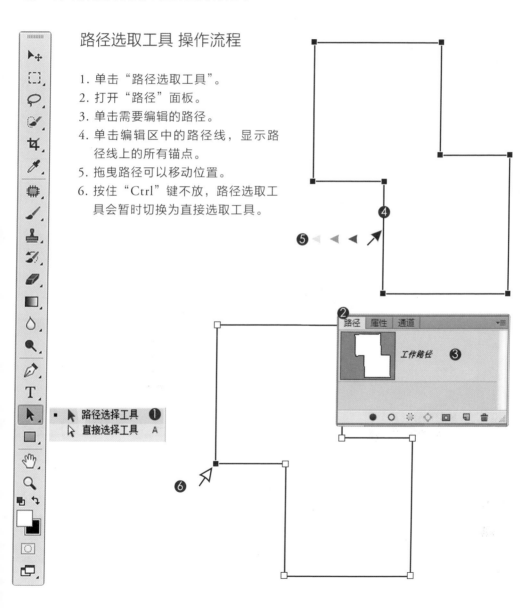

直接
选取工具

"直接选取工具"从本章开始就一路陪着我们到现在，实在是不离不弃的好伙伴。现在，一起来复习它的使用方式，与工作时经常使用的功能键。

直接选取工具 操作流程

1. 单击"直接选取工具"。
2. 打开"路径"面板。
3. 单击需要编辑的路径。
4. 单击锚点（选择一个）。
5. 按住"Shift"键不放，单击锚点（能选择第二个）。
6. 按住"Ctrl"键不放，切换为"路径选取工具"。

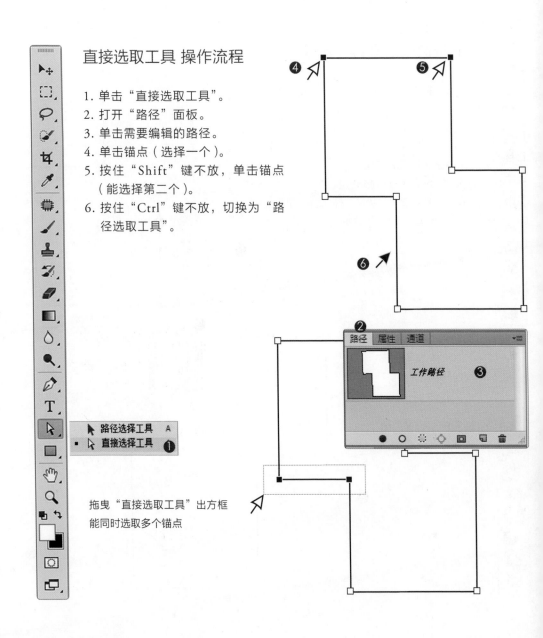

▶ 路径选择工具　A
▷ 直接选择工具　❶

拖曳"直接选取工具"出方框
能同时选取多个锚点

Created by Yangbibi

圆形路径
变形与调整

适用版本 CS6\CC
参考案例 素材\04\Pic007.JPG

椭圆的弧状路径属于比较不容易掌握路径的范围，所以这回我们加入"任意变形路径"命令让大家试试，除了单独控制锚点，也能整体调整路径。

A：建立椭圆形路径

1. 打开素材文件Pic007.JPG。
2. 单击"椭圆工具"。
3. 将模式设为"路径"。
4. 单击"路径操作"按钮。
5. 选择什么状态都可以。
6. 拖曳拉出椭圆形状的路径。
7. 路径面板新增"工作路径"。

目前我们只需要一条路径，因此使用什么状态都可以，不用特别挑选或变更。

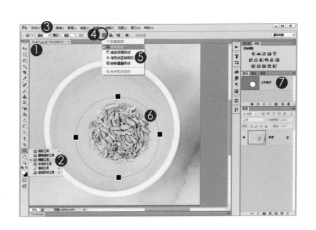

B：路径变形

1. 确认选取工作路径。
2. 从菜单栏中选择"编辑"。
3. 执行"自由变换"命令。
4. 路径上显示变形控制框。

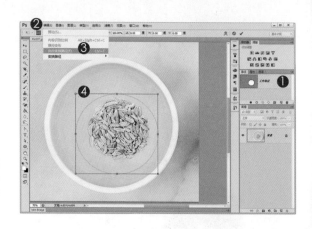

　　可以试着拖曳控制框边缘的控制点，调整图形路径的范围，必要时可以移动鼠标光标到控制框的四个角落外侧，拖曳旋转路径线。

C：调整路径范围

1. 拖曳上、下控制点调整高度。
2. 拖曳左、右两侧控制点调整宽度。

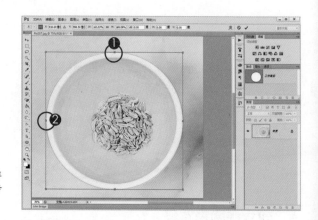

　　拍摄角度看起来还是有点偏差，碗并非那么正圆。没关系，让我们试试下一个步骤，运用扭曲方式变形路径。

D：扭曲变形

1. 按住"Ctrl"键不放，拖曳控制点能以扭曲方式变形路径。
2. 单击"√"按钮完成变形。

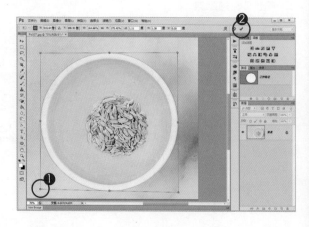

　　不论矩形工具、椭圆工具，或是钢笔工具所建立的路径形状，都可以使用菜单栏"编辑"-"自由变换"命令来调整路径范围、位置与角度。

E：建立矢量蒙版

1. 选取工作路径。
2. 按住"Ctrl"键不放，单击"添加图层蒙版"按钮。
3. 建立矢量蒙版。
4. 灰白方格表示透明区域。

　　"建立好的矢量蒙版，可以再调整大小范围吗？"当然可以，方法一样，来试试！

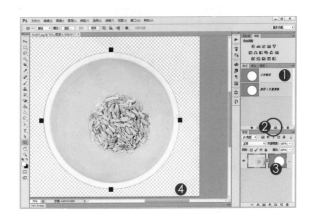

F：再变形一次

1. 单击矢量蒙版缩览图，编辑区中显示路径线。
2. 从菜单栏中选择"编辑"。
3. 执行"自由变换"命令。
4. 显示变形控制框。

　　"自由变换"命令的使用率、出场率都很高，建议大家记住快捷键"Ctrl+T"。

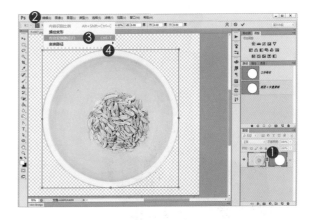

G：变形路径范围

1. 拖曳控制点调整蒙版的范围。
2. 单击"√"按钮完成变形。

　　由于我们变形的对象是"图层0矢量蒙版"，因此能直接改变图层0的蒙版范围，如果变形的对象是"工作路径"，那就只能改变路径的范围，而非图层的蒙版范围了！

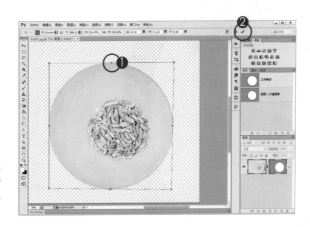

磁性自由钢笔工具
适用于复杂影像

Created by Yangbibi

适用版本 CS6\CC
参考案例 素材\04\Pic008.JPG

磁性自由钢笔工具，其实就是以磁性套索的方式，运用颜色差异辨识出主体影像与背景色彩。这次的抠图练习，需要同时运用椭圆工具与磁性自由钢笔工具，先一起来看看路径建立的程序。

先以椭圆工具建立下方扣环的路径

再运用磁性自由钢笔工具建立上方龙形路径

 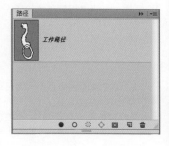

A：查看需要抠图的影像

1. 打开素材文件 Pic008.JPG。
2. 下方圆形扣环适合使用椭圆工具
   建立路径。
3. 上方龙首形状复杂，请使用磁性
   自由钢笔。

　　当影像结构比较复杂时，使用"钢笔工具"一点点的拉路径实在辛苦。大家可以试试"自由钢笔工具"的磁性功能，表现不错。

B：建立椭圆路径

1. 单击"椭圆工具"。
2. 将模式设为"路径"。
3. 单击"路径操作"按钮。
4. 执行"排除重叠形状"命令。
5. 拖曳鼠标光标拉出椭圆路径。
6. 显示"工作路径"。

　　不用太花心思，找位置对齐椭圆，反正还要重新调整路径位置，不用拉得太精确。

C：任意变形路径

1. 从菜单栏中选择"编辑"。
2. 执行"自由变换"命令。
3. 按住"Ctrl"键不放，分别拖曳控
   制点以扭曲方式变形路径。
4. 单击"√"按钮完成变形。

　　扣环中间还有一条椭圆路径要拉，请大家使用相同的方式建立椭圆路径，配合任意变形路径功能，调整路径线。

D：建立第二条椭圆路径

1. 单击"椭圆工具"。
2. 将模式设为"路径"。
3. 单击"路径操作"按钮。
4. 执行"排除重叠形状"命令。
5. 工作路径缩览图显示环状路径。

　　再复习一次，在路径缩览图中，白色表示保留范围，灰色表示遮盖区域。好了，我们继续。

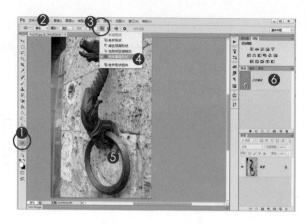

E：再变形一次

1. 从菜单栏中选择"编辑"。
2. 执行"自由变换"命令。
3. 按住"Ctrl"键不放，分别拖曳控制点以调整椭圆路径。
4. 单击"√"按钮完成变形。

　　杨比比没有说错吧！自由变换的使用率的确很高，大家一定要记下快速键"Ctrl+T"。

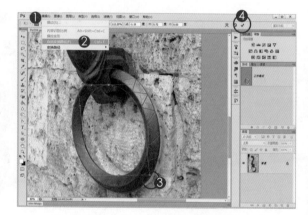

F：取消路径选取

1. 单击"路径"面板按钮。
2. 打开"路径"面板。
3. 单击面板中空白区域，取消路径的选取。

　　接下来我们要更换为磁性自由钢笔工具，还要变更路径建立的状态，为了不影响彼此，先取消目前的路径选取，比较安全。

G：自由钢笔工具

1. 单击"自由钢笔工具"。
2. 将模式设为"路径"。
3. 单击"路径操作"按钮。
4. 执行"合并形状"命令。

　　如果没有取消工作路径的选取，一旦更换状态，就会将原先已经完成的"排除重叠形状"变更为目前的"合并形状"。

H：启动磁性钢笔

1. 勾选工具选项栏中的"磁性的"复选框。
2. 单击齿轮选项按钮。
3. 将宽度设为"10像素"。
4. 将对比设为"100%"。
5. 将频率设为"20"。
6. 移动鼠标光标到影像边缘，单击光标建立起点。
7. 沿着影像边缘移动光标。

　　宽度：侦测的范围，1～256的像素值。
　　对比：影像间的对比越低，需要的数值越高。
　　频率：数字越高，锚点数量越少。

I：封闭路径线

1. 必要时按住空格键不放，暂时切换为"抓手工具"，拖曳编辑区中的影像位置。
2. 继续移动磁性钢笔光标。
3. 回到原点结合成封闭曲线。

　　使用磁性自由钢笔建立路径的过程中，如果觉得建立的锚点不理想，可以按"Backspace"键退回上一个锚点，或是按"Esc"键取消整条路径线。

J：合并路径

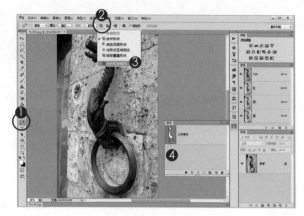

1. 目前使用的工具为"自由钢笔工具"。
2. 单击"路径操作"按钮。
3. 执行"合并形状组件"命令。
4. 将三条路径相互合并。

　　接下来，请大家双击"工作路径"，变更路径名称并存储路径。再使用"直接选取工具"逐一调整路径位置与曲线弧度。这是个费神费力的工作，要加油哦！

自由钢笔
路径工具

这又是一款杨比比很心虚的工具，刚问了几位工作上的伙伴，听到"自由钢笔"大家都摇头，异口同声地说"还不如自己拉"。"自由钢笔"使用的方式与套索接近，但是由程序控制锚点位置与数量，弹性太大，反而难以控制和编辑。

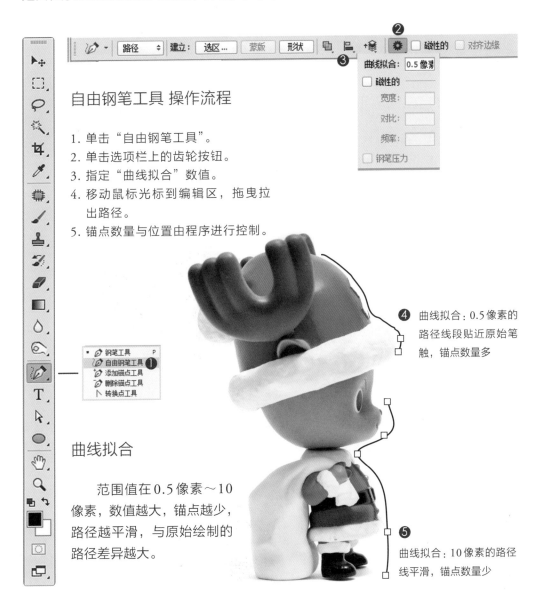

自由钢笔工具 操作流程

1. 单击"自由钢笔工具"。
2. 单击选项栏上的齿轮按钮。
3. 指定"曲线拟合"数值。
4. 移动鼠标光标到编辑区，拖曳拉出路径。
5. 锚点数量与位置由程序进行控制。

钢笔工具　P
自由钢笔工具 ❶
添加锚点工具
删除锚点工具
转换点工具

❹ 曲线拟合：0.5 像素的路径线段贴近原始笔触，锚点数量多

曲线拟合

范围值在 0.5 像素～10 像素，数值越大，锚点越少，路径越平滑，与原始绘制的路径差异越大。

❺ 曲线拟合：10 像素的路径线平滑，锚点数量少

磁性自由钢笔
贴合力超强

一旦启动"自由钢笔"工具的"磁性"功能,那就有点意思了。加入"磁性"特质的"自由钢笔"能依据颜色自动贴合影像边缘。操作方式与"磁性套索工具"相当接近,但是多了可以重复调整的锚点,使用起来弹性更高。

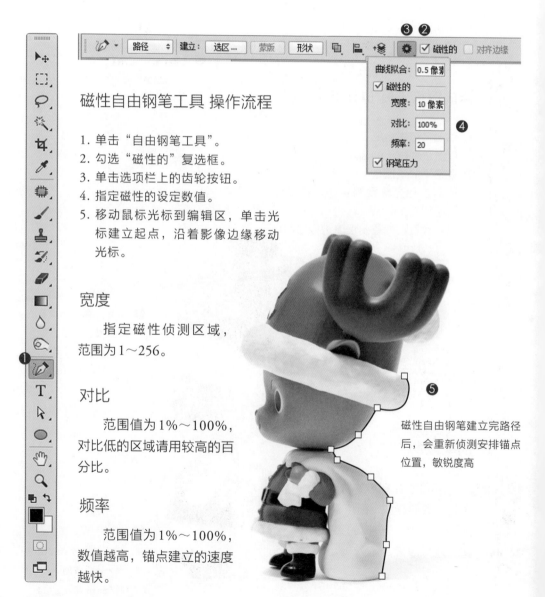

磁性自由钢笔工具 操作流程

1. 单击"自由钢笔工具"。
2. 勾选"磁性的"复选框。
3. 单击选项栏上的齿轮按钮。
4. 指定磁性的设定数值。
5. 移动鼠标光标到编辑区,单击光标建立起点,沿着影像边缘移动光标。

宽度

指定磁性侦测区域,范围为1~256。

对比

范围值为1%~100%,对比低的区域请用较高的百分比。

频率

范围值为1%~100%,数值越高,锚点建立的速度越快。

磁性自由钢笔建立完路径后,会重新侦测安排锚点位置,敏锐度高

Created by Yangbibi

通道转换
工作路径

适用版本 CS6\CC
参考案例 素材\04\Pic009.JPG

"不会吧！这是什么路边的杂草，要建立路径？"不是"建立"路径，而是"转换"路径，玄了吧！这可是很妙的一招，大家一定会喜欢的。

A：查看通道

1. 打开素材文件Pic009.JPG。
2. 打开好久不见的"通道"面板。
3. 按住"Ctrl"键不放，单击对比最高的"蓝"通道缩览图（单击缩览图）。
4. 选到影像中偏白的区域。

通道除了分配色彩模式之外，主要的功能就是提供我们建立选取范围，大家一定还记得，白色是显示范围，灰黑色则是遮住影像。

B：反选选取范围

1. 蓝通道载入的是白色区域。
2. 从菜单栏中选择"选择"。
3. 执行"反选"命令就能选到我们的主角。

　　提醒大家几组必须记下来的快捷键："Ctrl+D"取消选取；"Ctrl+Shift+I"反选；"Ctrl+I"负片效果（对调黑白两色）；"Ctrl+T"任意变形。

C：选取范围转换为路径

1. 打开"路径"面板。
2. 单击面板选项按钮。
3. 执行"建立工作路径"。
4. 容差值设为"5"像素。
5. 单击"确定"按钮。
6. 转换为工作路径。

　　容差值的范围在0.5～10，像素值越小，侦测的敏感度越高，路径越接近原选取范围，相对应的锚点数量也会增加。

D：建立矢量蒙版

1. 确认选取工作路径。
2. 按住"Ctrl"键不放，单击"添加矢量蒙版"按钮。
3. 建立矢量蒙版。
4. 显示灰白色方格的透明范围。

　　看起来还不错对吧！那是假象，别被骗了，如果就这样交到客户手上，肯定会被骂，下回别想接案子了。我们来看细节。

E：加入纯色图层

1. 单击"创建新的调整图层"按钮。
2. 执行"纯色"命令。
3. 指定 R、G 的值为 200，B 的值为 100。
4. 单击"确定"按钮。
5. 拖曳填色图层到下方。
6. 全部现形了。

　　虽然不太差，但也不算太好，就这样的效果要跟客户收钱，肯定说不过去。枝叶上平滑的范围可以运用"直接选取工具"修整，其他细小的范围，则可以使用图层蒙版来处理。

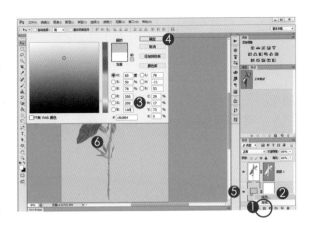

F：建立图层蒙版

1. 选取图层 0。
2. 单击"添加图层蒙版"按钮。
3. 插入图层蒙版。

　　怎么两眼无神呢，有人把图层蒙版扔脑后了？我们在上一个章节中可是练习了很多次呢！

G：黑白画笔增减蒙版范围

1. 单击"画笔工具"。
2. 指定前景色为"黑色"。
3. 使用边缘清晰的小笔尖。
4. 将模式设为"正常"。
5. 将不透明度设为"100%"。
6. 单击"图层蒙版"。
7. 拖曳画笔涂抹白色背景。

　　碰到这类一半需要平滑曲线，一半需要复杂结构的影像，请先以路径拉出大致外形，保留平滑区域，其他的局部结构再使用黑白画笔搭配图层蒙版进行修整。

将选取范围转换为
路径曲线

　　认真说起来，创建路径比较费力，但它弹性大、平滑度高，更是专业程度的象征。如果我们能由比较简单的点阵选取范围出发，就如同前一个案例，在通道中指定选取范围，再将选取范围转换为路径，是不是方便多了。

线条平滑区域可
以保留路径

边缘复杂的线条适
合搭配图层蒙版 ❶

线条平整的枝叶当
然得运用路径完成
抠图

选取范围转换路径 操作流程

1. 现在编辑区中建立选取范围。
2. 打开"路径"面板。
3. 单击"选项"按钮。
4. 执行"建立工作路径"命令。
5. 指定"容差"的像素值。
6. 或者单击"从选区生成工作路径"按钮，以预设容差值进行工作路径的建立。

将路径曲线转换为
选取范围

选取范围能转换成路径，路径当然也能转变为选取范围，但这种情况多数运用在建立图层蒙版时，运用路径平滑的特点，建立局部范围。大家有点迷糊了吧，我们来模拟一下实际的使用状态，看看下面的流程。

路径转换选取范围 操作流程

1. 在图层蒙版中。
2. 建立图层蒙版。
3. 使用"钢笔工具"拉出路径曲线。
4. 工作路径转换为选取范围。
5. 使用"黑色""钢笔工具"涂抹选取范围，便能快速得到平滑顺畅的抠图线条。

平滑的影像边缘，可以使用钢笔工具拉出路径，转换为选取范围后，笔刷刷起来非常快，大家可以试试

摄影：杨比比
1/40s ISO 640 f/11
60mm f/2.8
2014/3/4 下午13:03:19

5

第 5 章
商业影像编辑

美 化 篇

自制
简易摄影棚

　　"一定要花钱买摄影棚，或是灯光器具，才能拍摄商品吗？"灯光是一定要准备的，足够的光线才能缩小光圈，拍出各部分都很清晰的商品。但摄影棚就得看大家的经济状况，来看看杨比比的装备。

天花板

灯　光

在文具店买一张全开的白纸，
价格为20元～30元

灯光下方贴上一张A3白纸
具有柔化阴影边缘的效果

纸片与灯光必须保留一些空
间，免得高温烤焦了白纸

台　灯

餐　桌

简易脚架

必备的商业
摄影棚与灯具

对于商品照片拍摄量很大的大家来说，老是这样贴白纸也不是办法。更何况全开白纸范围有限，大型商品或是服饰根本无法顺利拍摄，可以考虑购买大型或是中型的商业摄影棚，价格在几千元到几万元不等，请衡量需求后购买。

用小光圈
拍摄出清晰的商品

"什么是小光圈？"相机上的光圈值，例如，f/1.4 被称为大光圈，f/11 则被称为小光圈。数字越大，光圈越小，便能拍摄出每一个部分都清晰的商品。"不会调整怎么办？手上也没有单反相机"没关系，即便所有的设定都是"自动"，目前的消费型相机（就是"傻瓜相机"）也能拍摄出水准相当高的照片。

小光圈才能拍出清晰的鸡腿肉

大光圈对焦范围小，拍摄人像会出现模糊朦胧的背景，但是拍商品就麻烦了。玩偶背后的那一大根鸡腿肉，都已经失焦模糊，难以抠图了

快门速度：1/10s

光圈：f/11

快门速度：1/40s

光圈：f/4.6

数码补光
与裁剪影像

适用版本 CS6/CC
参考案例 素材\05\Pic001.JPG

　　大名鼎鼎的鲁夫，在杨比比的口中成了"扛着肉骨头，卷着裤管的天才小钓手"，皮姐姐摇头"那这个呢？""手冢治虫的三眼神童"，皮姐姐又摇头"这是乔巴"。

A：查看影像与色彩模式

1. 打开素材文件 Pic001.JPG。
2. 单击"图层"按钮。
3. 打开"图层"面板。
4. 确认色彩模式为"RGB"。

　　RGB 是 Photoshop 中最佳的色彩模式，所有的指令都可以在 RGB 模式中执行。如果发现选项卡中显示"索引"或是其他模式，请执行菜单栏的"图像"-"模式"命令，转换为 RGB 色彩模式。

▲从菜单栏的"窗口"中打开"图层"面板

B：裁剪影像

1. 单击"裁剪工具"。
2. 拖曳裁剪线到鲁夫的边缘。
3. 注意地上的影子。
4. 单击"√"按钮完成裁剪。

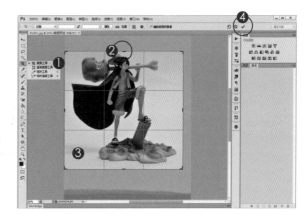

先裁剪掉不用的影像，不仅能大幅减少影像的画素，还可以节省后续编辑指令的运算时间，如何？杨比比算得很精吧！

C：校正色偏

1. 从菜单栏中选择"图像"。
2. 执行"自动色调"命令。
3. 改善鲁夫偏蓝的色调。

"图像"菜单下的三款命令——自动色调、自动对比度、自动颜色，都能略微改善照片的色偏与明暗。但是哪一个指令比较适合，大家就得试试了，如果觉得"自动色调"表现不理想，请从"历史记录"面板中退回指令，重新执行"自动对比度"或是"自动颜色"命令。

D：标示白色

1. 单击"画笔工具"。
2. 指定前景色为"白色"。
3. 选用中等尺寸的圆形笔尖。
4. 将模式设为"正常"。
5. 调整不透明度为"100%"。
6. 拖曳画笔涂抹背景。

这个白色刷痕是一个指标，方便我们控制背景的明暗，先卖个关子，等会儿马上揭晓。

E：建立亮度/对比调整图层

1. 打开"调整"面板。
2. 单击"亮度/对比度"按钮。
3. 向右拖曳"亮度"滑块。
4. 直到看不出白色画笔的痕迹。
5. 图层面板中会显示新增的"亮度/
   对比度"图层。

　　常在某些店铺的网页中看到这样一句
话"商品因拍摄略有色差，颜色以实际物
品为准"。但是这样的差异也太大了吧？没
错，所以我们得借用"亮度/对比度"调整
图层旁的图层蒙版来还原鲁夫的肤色。

▲从菜单栏的"窗口"中打开"调整"面板

F：图层蒙版

1. 单击"画笔工具"。
2. 选用中等尺寸圆形画笔。
3. 将模式设为"正常"。
4. 调整不透明度为"100%"。
5. 选择前景色为"黑色"。
6. 单击图层蒙版。
7. 拖曳黑色画笔遮住亮度/对比度图
   层的内容。

　　但是底下背景有点偏暗，怎么办呢？嘿
嘿！我们继续往下看。

G：降低蒙版的浓度

1. 双击图层蒙版。
2. 显示"属性"面板。
3. 调整浓度为"70%"，图层蒙版上
   的黑色变淡。
4. 鲁夫也变亮了一些，和背景的交
   界处也没那么明显了。

　　杨比比没有完成鲁夫的遮色，大家可以
在手肘上看出明显的分界……这种可以提
升功力的练习，当然得由大家来完成。（看
时钟）十点了，杨比比睡觉去。

校正
歪斜的影像

适用版本 CS6\CC
参考案例 素材\05\Pic001a.JPG

A：打开素材文件

1. 打开素材文件Pic001a.JPG。
2. 航海王的乔巴玩偶歪向一边。

　　根据皮姐姐（杨比比的女儿）的说法，乔巴是一只麋鹿……杨比比就是觉得他帽子上的"叉"与无辜的眼神，像极了手冢治虫笔下那位脑门上贴胶布的三眼神童写乐。

B：裁剪工具

1. 单击"裁剪工具"。
2. 单击"拉直"按钮。
3. 沿着玩偶的靴子拖曳鼠标光标，拉出需要校正的角度。

　　拍摄时经常使用这样的方式来校正海平面与地面。但由于玩偶身上没有太长、太明显的参考线，因此只能依据其靴底来进行校正的动作。

C：顺手裁剪掉不用范围

1. 校正后显示裁剪线。
2. 拖曳裁剪边缘到乔巴玩偶的头上。
3. 继续拖曳下方的裁剪线，注意左侧的阴影。
4. 单击"√"完成剪裁。

　　修片之前，请先校正影像，并裁减掉多余的范围，能大幅节省后续修片的运算时间。

D：使用旧版Photoshop的大家

1. 从菜单栏中选择"滤镜"。
2. 单击"镜头校正"命令。
3. 单击"拉直"按钮。

　　额外提示一下，在Photoshop CS5以前的版本中，拉直工具放在"镜头校正"滤镜中，大家可以使用相同的方式校正歪斜的影像。

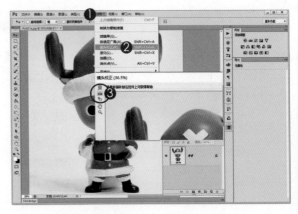

Created by Yangbibi

用 Camera Raw
快速修出白底

适用版本 CC
参考案例 素材\05\Pic002.JPG

　　我起码搜索了三次，才记住"海贼猎人索隆"这个名字，杨比比年纪大了，对新一代的动漫人物敏感度超低，真是气人。

A：Camera Raw 滤镜

1. 打开素材文件Pic002.JPG。
2. 从菜单栏中选择"滤镜"。
3. 执行"Camera Raw滤镜"命令。

B：校正白平衡

1. 原始色阶图中的蓝色版相当突出，这表示照片偏蓝。
2. 单击"白平衡工具"按钮。
3. 单击背景。
4. 校正后R、G、B通道合并了。

　　原始图片的色阶太清楚了，蓝色版硬生生往右侧跳出来，很明显的偏蓝，表示杨比比在拍照的时候，没有做好白平衡的设定。

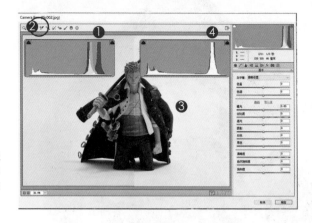

C：提高亮度

1. 在基本面板中。
2. 将曝光度设为"+0.65"。
3. 将白色设为"+25"。
4. 影像的色阶逐渐往右侧偏移。

　　曝光度能控制照片整体的明暗；白色仅单独提高白色区域的亮度。这两项设定的数值不是绝对的，大家要注意色阶图右上角的三角形（红圈处），只要它显示黑色，就表示这张图片没有任何的地方曝光过度。

D：显示影像噪点

1. 指定显示比例为"100%"。
2. 单击"抓手工具"或者按住空格键不放。
3. 拖曳调整影像到下方，显示花花绿绿的噪点。

　　如果显示比例太低，很可能无法正确辨识噪点的状态，因此，请大家务必将显示比例调整到"100%"，再进行噪点移除的动作。

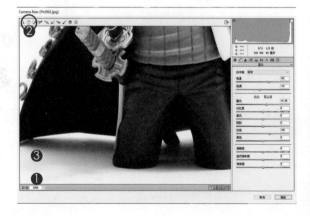

E：减少噪点

1. 单击"细节"按钮。
2. 将明亮度设为"20"，减少影像中灰色噪点。
3. 将颜色设为"35"，减少影像中彩色噪点。
4. 单击"确定"按钮。

　　不管是感光元件过热，还是ISO值太高，影像噪点似乎是无法避免的状态，因此只能透过程序略微降低噪点，而数值不宜过高，免得降低了影像的锐化程度与部分细节。

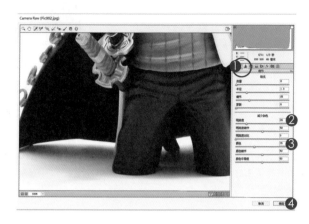

F：复制图层

1. 打开"图层"面板。
2. 按"Ctrl+J"键复制背景图层。

　　编辑区的两个图层内容完全相同，接下来就是玩把戏的时候了请看杨比比的演出。

G：再次执行Camera Raw滤镜命令

1. 单击选取复制的新图层。
2. 从菜单栏中选择"滤镜"。
3. 执行"Camera Raw滤镜"命令。

　　目前的背景看起来还好，但并非纯白。大家可以试着使用白色画笔在背景上拖曳一个刷痕，就像前一个案例，便能看出明显的色差。

H：背景全部曝光

1. 单击高光修剪警告按钮。
2. 向右拖曳"白色"滑块。
3. 直到背景多数区域显示红色，表示背景全部曝光过度。
4. 单击"确定"按钮。

　　白色数值提高后，仅会改变影像中色阶较高（也就是偏亮）的区域，因此不会影响中间调与暗调的表现，能顺利地协助我们将背景色彩调整为纯白。

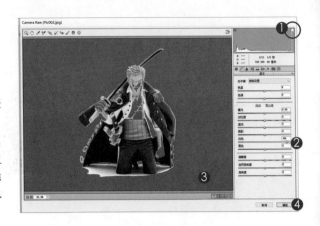

I：建立图层蒙版

1. 单击上方图层。
2. 单击"添加图层蒙版"按钮。
3. 建立图层蒙版。

　　刚刚在Camera Raw滤镜中拉高白色数值时，除了背景，索隆的胸肌也有些曝光过度，所以得借用图层蒙版，遮住过亮、曝光过度的范围。

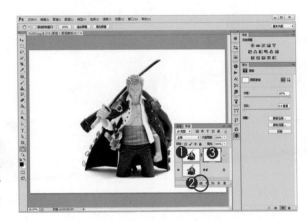

J：黑色画笔遮盖曝光过度区域

1. 单击"画笔工具"。
2. 选用中等尺寸圆形画笔。
3. 将模式设为"正常"。
4. 调整不透明度为"100%"。
5. 选择前景色为"黑色"。
6. 单击图层蒙版。
7. 在索隆的胸口与脸上拖曳画笔进行涂抹。

　　如此便能顺利遮住目前图层的内容，露出底下背景图层的原色索隆，这方法不错吧！

K：降低蒙版的浓度

1. 双击图层蒙版。
2. 显示"属性"面板。
3. 调整浓度为"84%"，图层蒙版上的黑色变淡。

　　拍摄商品时，可以稍微暗一点。略暗的影像能保留更多细节，并提供更安定的颜色，如果没有把握，尽量不要打开闪光灯，以免造成局部曝光过度，那就很难处理了。

修整出
清透亮眼的色彩

Created by Yangbibi

适用版本 CS6\CC
参考案例 素材\05\Pic003.JPG

撇开摄影技巧与灯光不谈，食物的照片需要特别控制明暗。因为光线会影响视觉，视觉会影响食欲，食欲会影响销量。好不好吃是另外一回事，起码得好看。

A：启动色阶

1. 打开素材文件Pic003.JPG。
2. 打开"调整"面板。
3. 单击"色阶"按钮。
4. 显示色阶调整内容。
5. 新建色阶调整图层。

　　看起来就很难吃，对吧？黑黑的！一点都不清透。没关系，拉个色阶就能搞定。

B：增加中间色调

1. 向左拖曳中间调数值约为"1.64"。
2. 面条看起来清透多了，可是颜色还不够饱和。

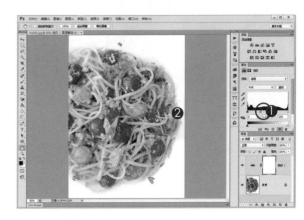

    向左拖曳中间调，扩大了与亮调（右侧第一个按钮）之间的距离，等同于增加影像内亮部的像素，也相当于降低阴暗的程度。

C：增加对比

1. 向右拖曳"暗调"滑块，数值约为"11"。
2. 增加影像色彩对比度。

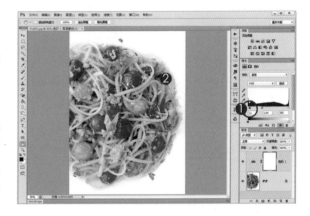

    不动色阶图最右侧的亮调按钮，等于保护了照片中最亮的区域。向左拖曳"中间调"增加照片中亮部像素，相对地减少了影像中的阴影。向右拖曳"暗调"能增加暗部像素，强化影像色彩，展现出比较强烈的对比。

用浓烈饱和的色彩
吸引买家的眼光

Created by Yangbibi

适用版本 CS6\CC
参考案例 素材\05\Pic004.JPG

灰暗的照片怎么说也不可能吸引买家的注意。不论我们拍摄照片时的气候有多恶劣，都可以透过调整图层，增加色彩的浓度与饱和度，制作出抢眼的效果。

A：增加曝光度调整图层

1. 打开素材文件Pic004.JPG。
2. 打开"调整"面板。
3. 单击"曝光度"按钮。
4. 参数显示在"属性"面板中。
5. 新建曝光度调整图层。

　　曝光度就像相机内的快门、光圈，控制着整张照片的明暗与色彩。我们来看看调整曝光度的方式。

B：增加颜色浓度

1. 向右拖曳灰度系数校正数滑块至"0.82"左右。
2. 略微提高颜色浓度。

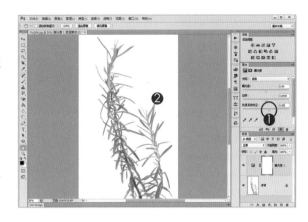

灰度系数值的范围为 0.01～9.99，数值越大，影像颜色越淡，会呈现出灰白的褪色状态；数值越小，颜色浓度越高。

C：自然饱和度

1. 打开"调整"面板。
2. 单击"自然饱和度"按钮。
3. 显示自然饱和度属性设置。
4. 新增"自然饱和度"图层。

有"调整"面板中加入的调整图层，都会自动加上一个"图层蒙版"，协助我们控制调整的范围，是个很贴心的服务。

D：增加颜色浓度

1. 向右拖曳自然饱和度滑块至"+55"左右。
2. 大幅提高影像彩度。

自然饱和度中的两组参数都是用来调整影像彩度的，数值越高，颜色越鲜艳。两者的差异在于"自然饱和度"能适度保护色彩（如肤色）不会过饱和，也不会出现色彩裂化的状态。喜欢浓烈色彩的大家，可以同时拉高"饱和度"，颜色会很刺眼。

E：组群调整图层

1. 单击自然饱和度图层。
2. 按住"Shift"键不放，单击选取曝光度图层。
3. 从菜单栏中选择"图层"。
4. 执行"图层编组"命令。
5. 图层结合成群组。

　　单击群组图层前方的黑色三角形按钮（红圈处），可以展开群组，编辑调整图层的内容。若是要取消群组，请执行菜单栏中的"图层"-"取消图层编组"命令。

F：变更群组名称

1. 单击群组名称，待群组名称的字段可编辑后输入"调整色彩"，按"Enter"键变更群组名称。

　　将相同性质的图层结合成群组，可以极大地节省图层面板的空间，请大家多多利用。

G：加入图层蒙版

1. 单击调整色彩群组。
2. 单击"添加图层蒙版"按钮。
3. 添加图层蒙版。

　　想不到吧！图层群组也能加上蒙版。这是个非常方便的做法，我们可以透过蒙版，同时控制群组内所有图层的作用区域，只能说Adobe想得很周全，点一个赞吧！

清晰影像
摆脱手抖

适用版本 CC
参考案例 素材\05\Pic005.JPG

其实清晰是一种强化色彩边缘的处理方式，边缘越立体、越突出，影像就显得越清楚。现在就让我们透过CC提供的防抖功能，来加强影像边缘的锐化程度。

A：智能对象图层

1. 打开素材文件Pic5.JPG。
2. 用鼠标右键在背景图层名称上单击。
3. 执行"转换为智能型对象"命令。
4. 转换完成。

执行滤镜前，可以先将图层转换为智能对象，避免滤镜直接套用在影像中，破坏原始画质。这是一种保护原始图片的方法。

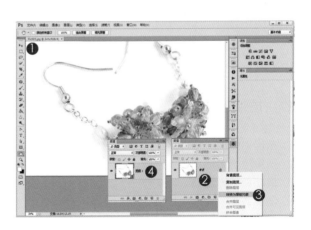

B：防手震

1. 从菜单栏中选择"滤镜"。
2. 从下拉列表中选择"锐化"。
3. 执行"防抖"滤镜。

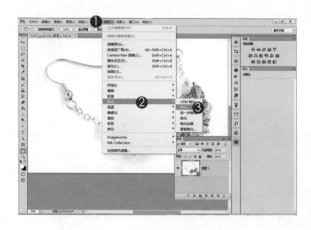

　　没有CC版本的大家也别担心，杨比比还会分享一些CS5/CS6系列版本可以使用的锐化功能，效果也不错。

C：自动移除模糊

1. 自动抓取模糊范围。
2. 模糊描摹边界为"31"像素，这是个估算值。

　　"模糊描摹边界"的数值越高，移除的范围也越大。偏移像素其实很难掌控，因此大家在拖曳"模糊描摹边界"滑块时，请留心影像的变化，不要拉过头了。

D：增加估算区域

1. 单击"模糊评估工具"按钮。
2. 拖曳拉出另一个估算范围。
3. 增加新估算区域。
4. 适度调整"模糊描摹边"的数值。
5. 单击"确定"按钮。

　　试着勾选估算区域下方的复选框（红圈处），看看哪一个表现比较好。多出来的估算区，可以直接拖曳到面板下方的垃圾桶图标上。

E：检视滤镜的差异

1. 防抖滤镜套用在图层之外。
2. 单击眼睛图示关闭滤镜。
3. 关闭滤镜后的图层状态。

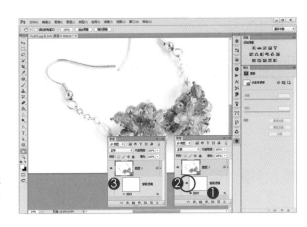

　　转换为"智能对象"图层后，滤镜会在图层之外建立新的滤镜图层，大家可以依据一般的图层管理方式将滤镜图层关闭或删除，弹性很大，又不会破坏原始图片。

F：重复编辑滤镜数值

1. 双击"防抖"滤镜。
2. 重新打开"防抖"对话框。
3. 保留之前设定的所有数值。

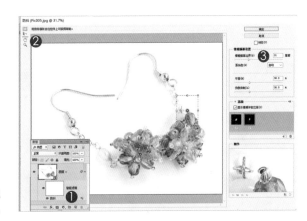

　　很厉害吧！既不会破坏原始影像，又能保留滤镜数值，大家一定要记得这样的方式。

G：加入图层蒙版

1. 单击"画笔工具"。
2. 使用边缘模糊的圆形笔尖。
3. 将模式设为"正常"。
4. 调整不透明度为"100%"。
5. 选择前景色为"黑色"。
6. 单击图层蒙版缩览图。
7. 拖曳画笔涂抹饰品。

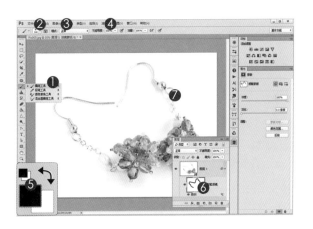

　　耳环后方的链子本来就模糊，加了防抖滤镜不会更清晰，反而使画面中的杂点更清楚，所以利用黑色画笔把滤镜效果遮掉。

清晰影像
同时降低杂点

适用版本 CC
参考案例 素材\05\Pic005.JPG

A：转换为智能对象

1. 打开素材文件Pic005.JPG。
2. 用鼠标右键在背景图层名称上单击。
3. 执行"转换为智能对象"命令。
4. 转换完成。

　　图层缩览图与图层名称上的右键菜单是不同的，请大家在图层名称上按下鼠标右键，这样弹出来的菜单才是正确的。

B：Camera Raw滤镜

1. 从菜单栏中选择"滤镜"。
2. 执行"Camera Raw 滤镜"命令。

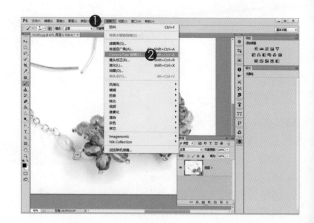

C：锐化影像

1. 视图显示比例为"100%"。
2. 单击"细节"按钮。
3. 将半径设为"1.5"。
4. 将数量设为"30"。
5. 杂点变得很明显。

　　锐化其实就是强化像素间的色彩差异，锐化强度越高，杂点会越明显。

D：降低噪点

1. 将明亮度设为"25"，减少灰色噪点。
2. 将颜色设为"30"，减少彩色噪点。

　　噪点减少其实是模糊影像的另一种手法，数值越高，影像越模糊。这与锐化是相互冲突的，所以大家得小心控制数值。

商业摄影
锐化特效

适用版本 CS6\CC
参考案例 素材\05\Pic006.JPG

千万不要高估了Photoshop的能力，锐化滤镜可以让略微模糊、稍稍晃动的影像恢复部分的清晰，但那种眼睛、鼻子都分不出来的失焦照片，是不能处理的！

A：老招式

1. 打开素材文件Pic006.JPG。
2. 用鼠标右键在背景图层名称上单击。
3. 执行"转换为智能对象"命令。
4. 转换完成。

　　同样的功能连续重复三次，大家想忘都忘不掉，这就是杨比比恐怖的地方，非常唠叨！

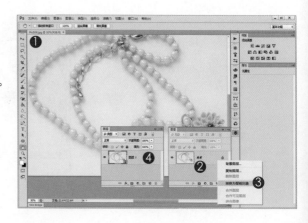

B：高反差保留

1. 从菜单栏中"滤镜"。
2. 在下拉列表中选取"其它"。
3. 执行"高反差保留"滤镜。

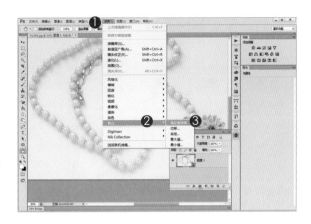

　　虽然名称跟锐化一点关系都没有，但"高反差保留"是大部分专业摄影师最爱的锐化滤镜，它不仅效果明确，还能适度抑制杂点，厉害！

C：边缘锐化

1. 弹出"高反差保留"对话框。
2. 将半径设为"1"像素。
3. 单击"确定"按钮。
4. 不用担心灰色是正常的。

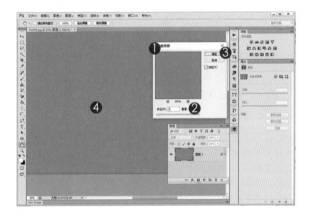

　　高反差保留滤镜会依据"半径"勾勒出影像边缘，其余区域以灰色覆盖。正常来说，半径控制在1像素～2像素，还没听过有人使用3。

D：指定混合模式

1. 双击混合模式按钮。
2. 打开"混合选项"对话框。
3. 将模式设为"覆盖"，一定要使用"覆盖"。
4. 单击"确定"按钮。

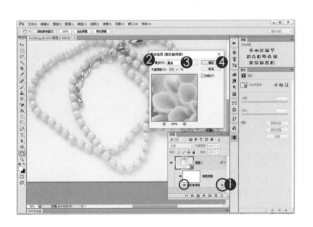

　　试着单击图层面板中"高反差保留"前方的眼睛图示（红圈处），关闭滤镜，再重复打开滤镜，便能看出之间的差异。

E：启动蒙版属性面板

1. 双击蒙版缩览图。
2. 自动打开"属性"面板。

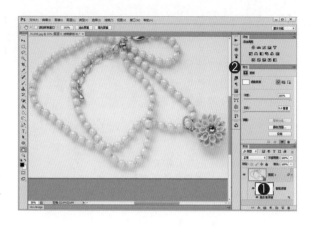

　　属性面板能控制图层蒙版的"浓度"与边缘模糊的"羽化"效果，这次我们试试"反相"，也就是大家熟悉的快捷键"Ctrl+I"。

F：转换为黑色蒙版

1. 单击"反相"按钮。
2. 变为全黑的蒙版，把"高反差保留"滤镜效果完全遮住。

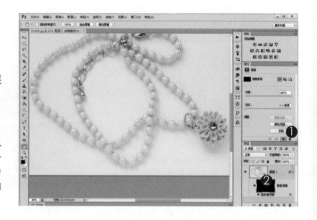

　　我们来复习一次："黑色"的图层蒙版遮住影像内容；"白色"显示影像内容。全黑的蒙版可以遮挡掉颜色快调滤镜所有的效果，所以得使用"白色"画笔刷出我们需要的清晰范围。

G：刷出锐化范围

1. 单击"画笔工具"。
2. 选用边缘模糊的圆形笔尖。
3. 选择前景色为"白色"。
4. 将模式设为"正常"。
5. 调整不透明度为"100%"。
6. 单击滤镜蒙版缩览图。
7. 在花朵上拖曳画笔。

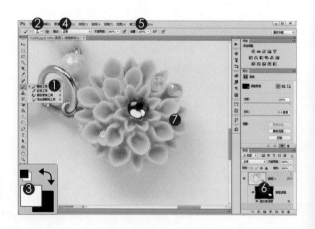

　　这表示"高反差保留"滤镜的作用范围只在目前看到的白色刷痕范围中，也就是花朵的位置，很棒吧！这是一种非常弹性的做法。

简易快速的锐化特效

适用版本 CS6\CC
参考案例 素材\05\Pic006a.JPG

A：调整显示比例

1. 打开素材文件 Pic006a.JPG。
2. 双击"缩放工具"，以原图尺寸
   100% 显示影像。

　　如果大家不担心破坏原始图片的话（最好还是备份原始文件），这是一个很快的程序，省略转换"智能对象"的过程，直接套用滤镜。一起来看看步骤。

B：三款锐化滤镜

1. 从菜单栏中选择"滤镜"。
2. 从下拉列表中选择"锐化"。
3. 执行"锐化边缘"命令。

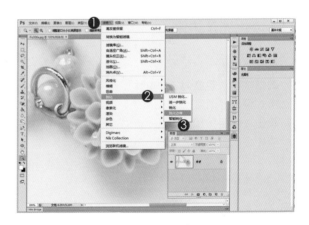

　　"进一步锐化"滤镜适合质地坚硬的产品，如公仔、保温杯、金属制品等。
　　"锐化"滤镜适用于所有产品，如绒毛玩具、食品等，属于常用的锐化效果。
　　"锐化边缘"滤镜效果虽然温和，但能抑制噪点的产生，也是调整商品照片时常用的锐化功能。

C：淡化滤镜效果

1. 直接套用锐化滤镜，影像边缘容易出现明显光晕与色彩裂化的情况。
2. 从菜单栏中选择"编辑"。
3. 执行"淡化锐化边缘"命令。

　　套用滤镜后，必须在第一时间执行"淡化"命令，如果中间插入其他指令，"淡化"便会自动失效，不能使用。算是一种比较孤僻的指令。

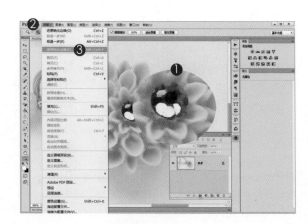

D：淡化光晕边缘

1. 打开"淡化"对话框。
2. 调整将不透明度为"100%"。
3. 模式设为"明度"。
4. 单击"确定"按钮。
5. 边缘会改善很多。

　　如果觉得套用滤镜后效果太强烈，也可以降低"淡化"对话框中的"不透明度"数值，以改善滤镜的锐化强度。

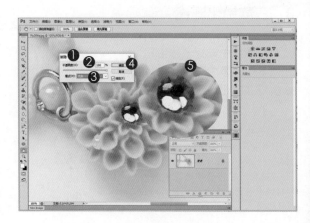

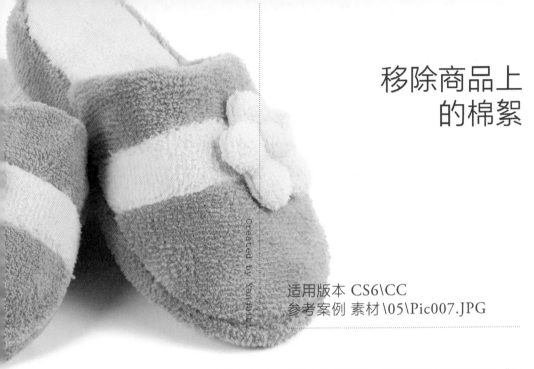

移除商品上
的棉絮

适用版本 CS6\CC
参考案例 素材\05\Pic007.JPG

但凡商品上的小刮痕、部分沾染的颜色、棉絮或是污渍，都可以透过接下来的"污点修复画笔"移除。当然，修补也是适度，万万不可欺骗消费者。

A：新增空白图层

1. 打开素材文件Pic007.JPG。
2. 打开"图层"面板。
3. 单击"创建新图层"按钮。
4. 增加透明空白的图层。

怪了吧！怎么还新增图层呢？杨比比是老糊涂了吗？别急！这可是保护源图的策略喔！

B：污点修复画笔

1. 单击"污点修复画笔"。
2. 使用小尺寸的圆形画笔。
3. 将模式设为"正常"。
4. 类型设为"内容识别"。
5. 勾选"对所有图层取样"复选框。
6. 不用管前景色。
7. 单击上方新增图层。
8. 拖曳画笔涂抹棉絮。

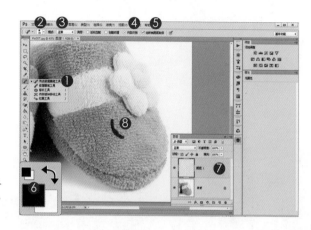

　　不要急！杨比比看到了，是黑色的，大家都一样，请大家放心拖曳画笔涂抹完棉絮，就能看到完成的状态，很神奇的。

C：观察图层

1. 修复的结果在新图层中。
2. 单击眼睛图示关闭图层。
3. 棉絮还在背景图层。

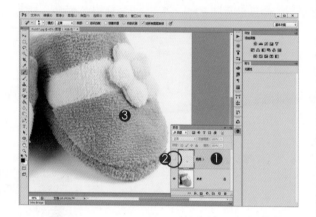

　　看到没？年纪大的人就是稳妥。使用这样的方式移除棉絮，既不破坏原始图片，又能达到效果，一举两得。

免抠图
的叠图秘技

Created by Yangbibi

适用版本 CS6\CC
参考案例 素材 \05\Pic008.JPG

　　白色背景是突显商品最好的颜色，也是最令人舒服的视觉色彩，最重要的是，白色对于展现商品的动态效果，有着相当加分的能力，来看看这一招，相当精彩！

A：建立选取范围

1. 打开素材文件Pic008.JPG
2. 单击"矩形选框工具"。
3. 将模式设为"添加到选区"。
4. 边缘模糊的羽化值为"0像素"。
5. 拖曳拉出矩形选取范围。
6. 按快捷键"Ctrl+J"复制选取范围到新图层。

　　往下压MM巧克力到黄色底座，大概两三秒之后就会弹起来，左摇右晃的，非常有趣。这是皮姐姐的小玩具。大家可以看得出来，杨比比真是拍到没有东西可以拍了。

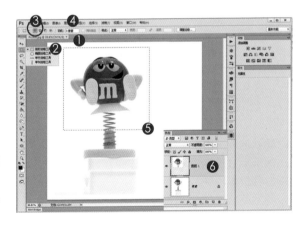

B：自由变换

1. 单击"图层 1"。
2. 从菜单栏中选择"编辑"。
3. 执行"自由变换"命令。
4. 显示变形控制框。

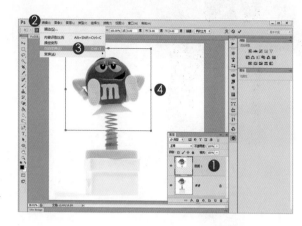

　　"自由变换"绝对是一个使用率相当高的指令，请大家记下快捷键"Ctrl + T"。来看看旋转MM巧克力的流程。

C：旋转影像

1. 原来的旋转中心在中央。
2. 拖曳旋转中心点到下方。
3. 移动鼠标光标到控制点外拖曳旋转影像。
4. 单击"√"按钮结束变形。

　　图片一转就能看得出来，MM巧克力的白色背景硬生生地挡在那里，看了就碍眼。

D：图层混合模式

1. 确认选取"图层1"。
2. 图层混合模式设为"颜色加深"。
3. 白色背景消失。
4. 不透明度设为"30%"。

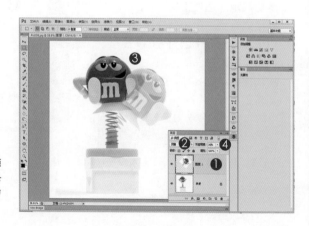

　　混合模式的菜单中，从"变暗"到"颜色加深"，这5款混合模式都是比对上下图层的色彩内容，抽离偏亮的颜色，保留较深的色彩。

E：增加图层蒙版

1. 选取上方的"图层 1"。
2. 单击"添加图层蒙版"按钮。
3. 新增白色蒙版。

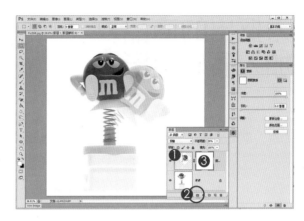

　　复习一下，按住"Alt键"不放，单击"添加图层蒙版"按钮，会建立出"全黑"的蒙版。如果要对调白色与黑色呢？没错！大家都记住了，就是使用快捷键"Ctrl+I"。

F：遮盖交界处

1. 单击"画笔工具"。
2. 使用边缘模糊的圆形笔尖。
3. 将模式设为"正常"。
4. 不透明度设为"100%"。
5. 前景色设为"黑色"。
6. 单击图层蒙版。
7. 拖曳画笔遮盖交界的区域。

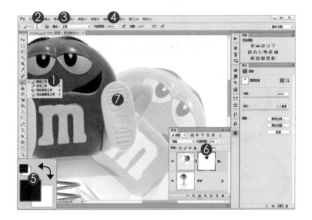

　　一般人在图层混合模式结束后，应该就收工了，但如果想多收一点修图费，那就得表现出不一样的态度，坚持我们该坚持的，多花几分钟，完成蒙版，效果会截然不同。

G：控制交界边缘

1. 双击点阵图层蒙版。
2. 显示"属性"面板。
3. 将羽化值设为"2.7 像素"，使黑色遮色边缘略微模糊。

　　请大家记得配合"缩放工具"，在有限的屏幕范围中调整图片范围，别把"抓手工具"与"缩放工具"晾在工具箱里，得随时让它们上场亮亮相，混个脸熟也好！

为抠出的商品
加入质感阴影

适用版本 CS6\CC
参考案例 素材\05\Pic009.TIF

网络上谈商品抠图的教学文章很多，但讲解添加阴影的却不多，有的也只是蜻蜓点水，拿图层样式中的"阴影"挡一下就过去了。阴影其实不难，但要做出自然且有质感的阴影，的确得花点工夫，先来看看这两组不同的效果。

嗯！这是常见的阴影

Photoshop中的速成阴影，展现了一种极为突出的效果，但不适合用在需要抠图的商品上，不是不自然，是非常不自然、不真实，即便闪光灯直打，也不可能出现这样贴背的阴影效果。

符合光学的阴影

注意商品本身的受光面，并且留意拍摄当时投射在商品周围的光影、搭配商品的颜色、适度运用图层与变形工具，便能创作出真实、自然的阴影。杨比比精心设计了这些程序，请大家接招。

A：扩大文件范围

1. 打开素材文件 Pic009.TIF。
2. 没有足够的空间可以放阴影。
3. 从菜单栏中选择"图像"。
4. 执行"画布大小"命令。
5. 单击左上角为锚点。
6. 勾选"相对"复选框。
7. 将宽度向右增加"5"厘米。
8. 高度向下增加"1"厘米。
9. 单击"确定"按钮。

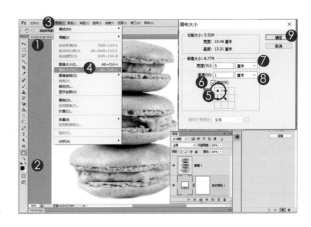

　　因为纸张不够大，摆不下阴影，所以使用画布大小指令，增加下方与右侧的空间。

B：选取制作阴影的素材

1. 单击选取"图层0"。
2. 单击"椭圆选框工具"。
3. 将模式设为"添加到选区"。
4. 羽化值设为"0 像素"。
5. 拖曳光标拉出椭圆选取区。
6. 按快捷键"Ctrl+J"复制范围到新图层。

　　这可是杨比比熬着夜、黑着眼眶，想出来的大绝招。我们知道就好，不要讲出去。

C：变形椭圆范围

1. 拖曳"图层1"到马卡龙图层下方。
2. 从菜单栏中选择"编辑"。
3. 执行"自由变换"指令。
4. 按住"Ctrl"键不放，拖曳控制点扭曲影像范围。
5. 单击"√"按钮完成变形。

　　杨比比了解，目前的阴影太粗糙，不仅颜色深，而且边缘清晰，但起码我们完成了一个不是黑色的阴影，这已经跨出一大步了！

D：阶段性存档

1. 单击"历史记录"按钮。
2. 打开"历史记录"面板。
3. 单击"创建新快照"按钮。
4. 新增"快速1"缩览图。

　　默认状态下"历史记录"面板只能保留20个指令，超过就找不到了。因此先将目前的状态储存在"快照1"当中，接下来不论我们怎么玩，必要时都可以单击"快照1"缩览图，回到目前的状态，这称为阶段性存档。

▲从菜单栏中的"窗口"中打开"历史记录"面板

E：建立模糊的边缘

1. 确认选取阴影图层1。
2. 按住"Ctrl"键不放，单击缩览图加载椭圆状的影像范围。
3. 从菜单栏中选择"选择"。
4. 选取"修改"选项。
5. 执行"羽化"命令。
6. 羽化强度设为"30"像素。
7. 单击"确定"按钮。

　　椭圆图形建立完成后，再加入羽化值，调整边缘模糊效果，虽然有点烦琐，却能仿制出真实阴影的边缘效果，非常自然。

F：第一个阴影完成

1. 从菜单栏中选择"选择"。
2. 执行"反选"命令选取阴影外侧。
3. 按下三次"Delete"键，按快捷键"Ctrl+D"取消选取范围。
4. 不透明度设为"60%"。

　　加载椭圆阴影范围，又加上了30像素的羽化值，反选之后，选到椭圆外侧，连按三次"Delete"键，便能在有羽化状态的条件下，删除椭圆边缘，形成相当自然的模糊边缘。

G：制作第二层阴影

1. 确认选取"图层1"。
2. 按快捷键"Ctrl+J"复制图层。
3. 从菜单栏中选择"编辑"。
4. 执行"自由变换"命令。
5. 拖曳控制框缩小椭圆范围。
6. 单击"√"按钮完成变形。
7. 不透明度设为"80%"。

    如果必要，大家可以使用相同的方式，制作第三层或是第四层阴影，以增强阴影的变化性，与灯光投射的不规则性。

H：阴影进阶处理

1. 单击"图层1"。
2. 单击"添加图层蒙版"按钮。
3. 增加空白图层蒙版。

    一定要掌握接下来几个比较细腻的阴影处理方式，只有这样才能累积实力。有了实力，才不会在那几百元的设计费中周旋，大家加油！

I：建立渐变色彩蒙版

1. 单击"渐变工具"。
2. 单击前景色块，在拾色器中指定 R、G、B 的值皆为 62。
3. 单击渐变组合按钮。
4. 指定渐变为"前景到透明"。
5. 模式为"线性渐变"。
6. 单击图层蒙版。
7. 由右向左水平拖曳鼠标光标。

    如何？非常的不一样吧！离产品越远，阴影越淡，而且淡化得非常自然。

J：善用模糊工具

1. 单击"减淡工具"。
2. 使用边缘模糊的圆形笔尖。
3. 范围为"中间调"。
4. 曝光度为"100%"。
5. 单击上方的小椭圆阴影。
6. 拖曳指针模糊阴影边缘。

　　学会这一招，一定能大幅增加自己的被利用价值，大家加油！提升自己的实力，是最重要的。

超自然
速成阴影

适用版本 CS6\CC
参考案例 素材\05\Pic010.TIF

像这类由上往下拍摄的芹菜叶，就挺适合搭配图层样式中提供的阴影效果，但不能直接套用，得做点手脚，动些分割手术，才能展现不同于一般的自然阴影。

A：变更底色

1. 打开素材文件Pic010.TIF。
2. 使用深灰底色方便看清抠图状态。
3. 双击填色图层缩览图。
4. 拖曳色彩指标到左上角，或是R、G、B值都输入255。
5. 单击"确定"按钮。

　　先将填色图层设定为深灰色，就是让大家看看杨比比抠图的状态，同时也是提醒各位，必要时变更填色图层的颜色，才能掌握商品抠图后边缘的精细程度。

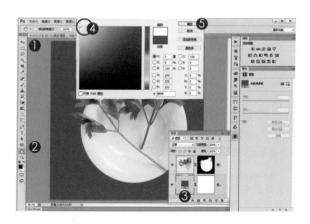

B：加入阴影样式

1. 单击选取芹菜图层。
2. 单击"fx"图层样式按钮。
3. 执行"投影"命令。

　　图层样式"fx"当中的阴影，就是我们之前提到的"贴背阴影"，即阴影会紧贴着商品。

C：扩大阴影模糊范围

1. 显示样式效果对话框。
2. 目前的样式为"投影"。
3. 将大小设为"50"以增加边缘模糊。
4. 单击"确定"按钮。
5. 编辑区中芹菜叶背后产生阴影。

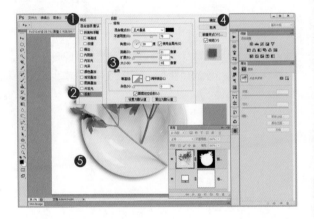

　　现在得到的阴影颜色太深、角度太假，所以我们得将阴影切割出来，单独处理。来看看具体操作步骤。

D：分割阴影图层

1. 在阴影效果上单击鼠标右键。
2. 执行"创建图层"命令。
3. 不要被警示对话框吓到，放心单击"确定"按钮。
4. 得到分割出来的阴影图层。

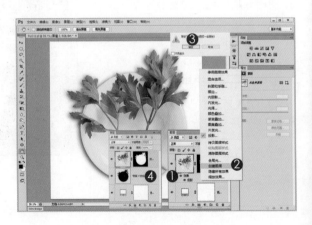

　　Photoshop给了一个善意的提示，告诉我们分割后的图层效果无法重制，意思就是分割出来后，就不能重组回去。这也没什么，大不了再按下"fx"按钮，重新执行阴影命令就可以，大家不用担心那个警示对话框，以后再看到它，请单击"不再显示"，免得烦心。

E：启动自由变换

1. 单击分割出来的阴影图层。
2. 填满"20%"降低色彩浓度。
3. 从菜单栏中选择"编辑"。
4. 使用快捷键"Ctrl+T"执行"自由变换"指令。
5. 阴影边缘显示变形控制框。

　　"填满"与"不透明度"有些相似，但"填满"主要用于控制图层中像素填色的浓淡程度。至于两者的差异，我们会在后面水印的时候聊到，大家先有个概念就好。

F：扭曲阴影

1. 按住"Ctrl"键不放，拖曳控制框角落变形阴影。
2. 单击"√"按钮完成变形。

　　阴影该怎么扭曲、扭曲成什么样子，大家可以参考原始图片中阴影的走向，尽可能地模仿、学习，制作出相似的效果。

G：阴影边缘的模糊程度

1. 单击阴影图层。
2. 从菜单栏中选择"滤镜"。
3. 选取"模糊"子菜单。
4. 执行"高斯模糊"滤镜命令。
5. 将强度设为"10"像素。
6. 单击"确定"按钮。

　　"高斯模糊"会产生比较全面性的边缘模糊效果。大家也可以考虑使用前面提到的"模糊工具"进行局部模糊，虽然比较麻烦一点，但效果不错，可以试试。

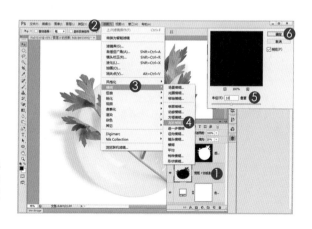

时尚反射
玻璃倒影

Created by Yangbibi

适用版本 CS6\CC
参考案例 素材\05\Pic011.JPG

建立倒影需要的指令包含：自由变换、图层蒙版与渐变工具，这些我们都已经练习过了，不用担心，放轻松。

A：复制图层

1. 打开素材文件Pic011.JPG。
2. 按快捷键"Ctrl+J"复制相同图层。

大家可以试着双击"图层1"名称，并更名为"倒影"，方便日后辨识。

B：垂直翻转影像

1. 单击选取"图层1"。
2. 从菜单栏中选择"编辑"。
3. 选取"变形"子菜单。
4. 执行"垂直翻转"命令。
5. 编辑区中装满爆米花的瓶子翻转
   过来。

既然是倒影，总得翻转一下，才像个样子。但倒影的位置似乎不太正确，来调整一下。

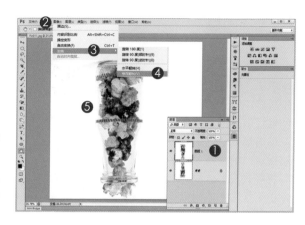

C：调整倒影位置

1. 单击"移动工具"。
2. 单击选取"图层1"。
3. 拖曳瓶身到下方。
4. 图层混合模式为"变暗"。

图层混合模式"变暗"会比对上下图层的颜色，移除较亮的色彩，保留较暗的颜色。

D：展现全图

1. 单击"图层1"。
2. 不透明度为"20%"。
3. 淡化瓶身色彩。
4. 从菜单栏中选"图像"。
5. 执行"全部显现"命令。

"全部显现"命令能将所有落在文件范围之外的影像全部显示出来，是相当方便的工具，大家可以多多利用。

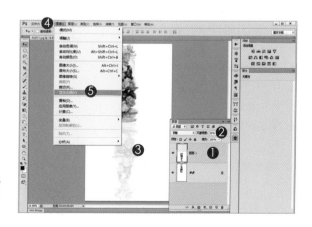

E：渐变图层

1. 单击选取"图层1"。
2. 单击"添加图层蒙版"按钮。
3. 单击"渐变工具"。
4. 指定前景色为"黑色"。
5. 单击渐变色彩组合按钮。
6. 指定"前景到背景"组合。
7. 将模式设为"线性"。
8. 由下往上拖曳指标拉出渐变。

　　由前景到背景，表示由黑色到白色，因此得由下往上拖曳指标（黑色在下，白色在上）才能建立出我们需要的渐变淡化效果。

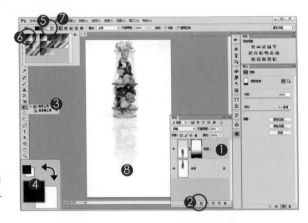

F：再制倒影图层

1. 确认选取"图层1"。
2. 按快捷键"Ctrl+J"复制图层。
3. 单击"移动工具"。
4. 拖曳调整倒影的位置，建立出重影的效果。

　　两个倒影图层，位置都不相同，便会产生重叠的效果，就像是放置在有厚度的玻璃上。

G：裁切多余的区域

1. 从菜单栏中选择"图像"。
2. 执行"修剪"指令。
3. 维持默认值。
4. 单击"确定"按钮。

　　修剪指令能侦测影像中多余的空白与透明范围，自动进行移除。如果大家发现"修剪"指令没有反应，请使用"裁剪工具"自己手动裁切掉多余的空白范围，辛苦大家了。

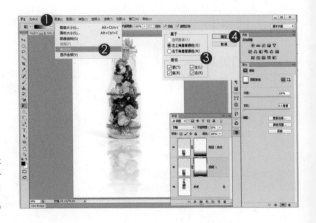

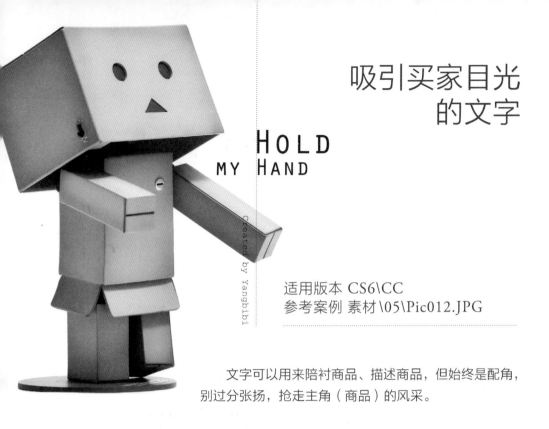

吸引买家目光
的文字

HOLD
MY HAND

Created by Yangbibi

适用版本 CS6\CC
参考案例 素材\05\Pic012.JPG

文字可以用来陪衬商品、描述商品，但始终是配角，别过分张扬，抢走主角（商品）的风采。

A：启动文字工具

1. 打开素材文件Pic012.JPG。
2. 单击"横排文字工具"。
3. 选项列指定文字字体。
4. 输入文字尺寸。
5. 单击编辑区指定文字插入点。
6. 立即新增文字图层。

　　重点提示
　　如果大家不打算输入文字，记得单击工具选项栏上的"√"按钮，取消文字工具，否则会在图层面板中残留一个空白的文字图层。

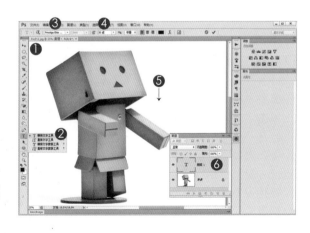

B：输入文字

1. 输入文字内容"Hold my Hand"。
2. 单击"√"按钮完成文字输入。
3. 文字图层会以文字内容命名。

　　如果大家看到的文字图层，是以"图层1""图层2"命名，那就是无意间留下的空白文字图层，请拖曳到垃圾桶按钮上删除。

C：调整文字大小

1. 确认选取文字图层。
2. 单击"文字工具"。
3. 拖曳选取"Hold"文字。
4. 尺寸设为"36 点"。
5. 单击"√"按钮结束文字编辑。

　　只要选取文字图层，并使用文字工具，就可以修改文字内容、变更文字尺寸与色彩。

D：建立多行文字

1. 单击"横排文字工具"。
2. 单击"字符"按钮。
3. 打开"字符"面板。
4. 字体选择"微软雅黑"。
5. 尺寸设为"14 点"。
6. 行距设为"（自动）"。
7. 拖曳鼠标光标拉出文字范围。

　　文字的大小、间距、行距都不用太担心，这些数据可以在文字输入完成后，再次设置，目前只是抓个大概，还有调整的机会。

▲从菜单栏的"窗口"中打开"字符"面板

E：输入多行文字

1. 输入文字第一行，输入完成后按"Enter"键换行。
2. 文字全部输入完成后按"√"按钮结束文字工具。

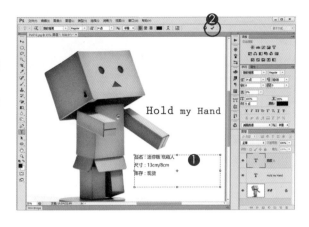

F：调整多行文字

1. 确认选取文字图层。
2. 单击"文字工具"。
3. 拖曳选取文字。
4. 打开"字符"面板。
5. 调整行距为"24点"。
6. 单击"√"按钮结束编辑。

　　如果不需要那么大的空间，大家可以试着拖曳调整多行文字的外框，缩小范围。

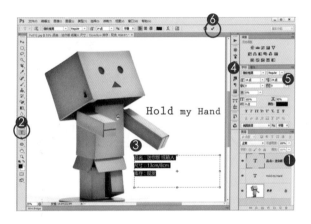

G：展现全图

1. 单击选取多行文字图层。
2. 从菜单栏中选择"编辑"。
3. 执行"自由变换"指令。
4. 显示变形控制框。
5. 移动指针到控制框内，调整文字位置。
6. 拖曳控制框调整文字大小。
7. 单击"√"按钮完成变形。

　　目前大家看到的变形区域就是多行文字的范围，所以杨比比才会在上一个步骤中提醒大家，调整多行文字时，可以缩小多余的空间。

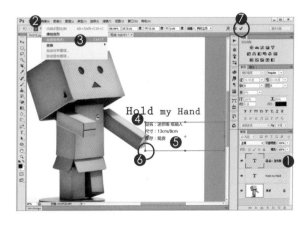

多行文字
的溢出记号

多行文字可以将好几行文字限制在一个范围内，但大家需要特别留意文字间行距的控制，某些不知名的情况下（计算机的意外都很多），文字的行距可能拉得太大，按"Enter"键之后，第二行已经超出多行文字的控制范围。

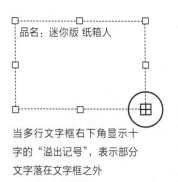

当多行文字框右下角显示十字的"溢出记号"，表示部分文字落在文字框之外

调整溢出记号

方式一
拖曳边缘的控制点，增加多行文字的范围。

方式二
调整"字符"面板中的行距字段中的数值。

切换水平/垂直文字

工具箱中虽然有两款"横排"与"直排"文字工具，但实际上，文字的工具选项列就可以进行切换，水平与垂直文字可以随时交换，非常方便。

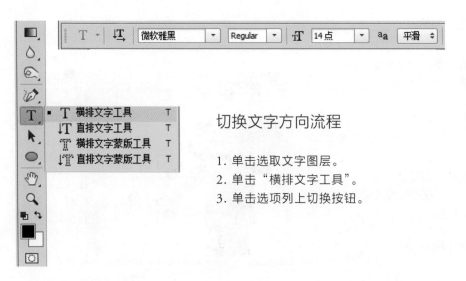

切换文字方向流程

1. 单击选取文字图层。
2. 单击"横排文字工具"。
3. 单击选项列上切换按钮。

字符
控制面板

文字在网拍的海报上多用于描述商品的特质，因此不需要太复杂的效果。过分强调文字效果，容易使得浏览商品的买家忘记了谁是主角，所以文字效果越简单越好。

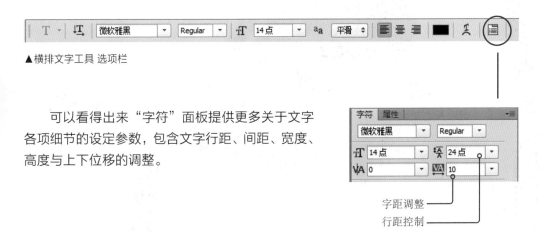

▲横排文字工具 选项栏

可以看得出来"字符"面板提供更多关于文字各项细节的设定参数，包含文字行距、间距、宽度、高度与上下位移的调整。

字距调整
行距控制

字距 10　　　字距 200

Increase s p a c e
between text lines
行距 12 点

Increase space
between text lines
行距 24 点

摄影：杨比比

0.3s ISO 320 f/11

60.0mm f/2.8

2014/2/27 下午20:02:28

6

第6章
商业网拍照片

机 密 篇

送交样品
当然得缩小尺寸

Created by Steven

适用版本 CS6/CC
参考案例 素材\06\Pic001.TIF

如果接了抠图的案子，当完稿送样品时，记得要多留个心眼，缩小图片的尺寸，并且加上自己的邮箱，文字还得放在显眼且不容易移除的地方。

A：注意色彩模式

1. 打开素材文件Pic001.TIF。
2. 标题列显示色彩模式为CMYK，PNG格式的图片不支持CMYK色彩模式。
3. 从菜单栏选择"图像"。
4. 从下拉列表中选择"模式"。
5. 执行"RGB模式"命令。
6. 图片转换为RGB色彩模式。

> **重点提示**
> 记得以后存储文件时，如果找不到需要的格式，应该就是色彩模式出现了状况，转换为RGB色彩模式就能顺利存储为需要的文件格式。

B：载入通道为选取范围

1. 打开"通道"面板。
2. 按住"Ctrl"键不放，单击"Alpha 1"通道缩览图。
3. 载入选取范围。
4. 回到"图层"面板中。
5. 单击"添加图层蒙版"按钮。
6. 依据选取范围建立蒙版。

　　没错！大家一定要记得，建立好的选取范围可以存放在"通道"之中。现在只要把选取范围重新载入到点阵图层蒙版中就可以了！

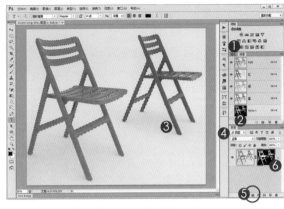
▲从菜单栏的"窗口"中打开"通道"面板

C：显示图像大小

1. 从菜单栏中选择"图像"。
2. 执行"图像大小"命令。
3. 显示"图像大小"对话框。
4. 对话框中显示目前影像的宽度与高度。

　　在"像素"字段中，可以选取需要的单位。一般来说，显示在屏幕上的照片，分辨率为72像素/英寸～96像素/英寸。如果要将照片印刷或是冲洗出来，请将分辨率设定为300像素/英寸。

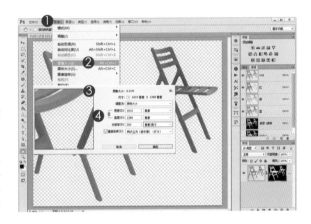

D：缩小图像大小

1. 在"图像大小"对话框中。
2. 将宽度设为"480"，高度会等比例调整。
3. 单位为"像素"。
4. 单击"确定"按钮。

　　如果大家想恢复原始的影像数值，请按住Alt键不放，"取消"按钮即会变换为"重设"。单击"重设"按钮，就可以恢复一开始的预设数值。试试看吧！

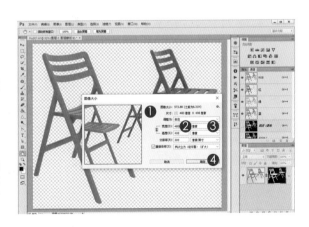

E：显示原图

1. 图像尺寸缩小后画面会推得很远。
2. 双击"缩放工具"。
3. 以原图比例100% 显示影像。

　　喜欢使用快捷键的大家，可以按"Ctrl+1"，图片立即能以100%原图比例显示。按快捷键"Ctrl + 0（数字零）"便能将图片调整到目前能显示的最大范围。

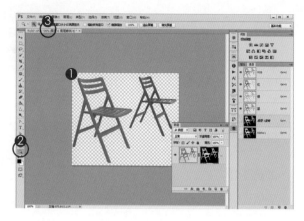

F：加入版权文字

1. 单击"横排文字工具"。
2. 指定文字字体。
3. 调整文字尺寸为"8点"。
4. 文字颜色为"黑色"。
5. 单击编辑区指定插入点，输入文字内容。
6. 单击"√"结束文字。

　　不需要选择粗体字样，但尺寸要够大，还要横跨整张图片，才不会被轻易移除。

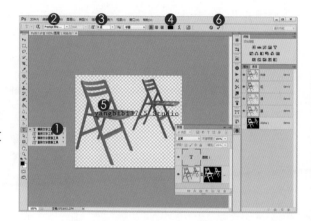

G：另存为PNG格式

1. 从菜单栏中选择"文件"。
2. 执行"存储为"命令。
3. 输入文件名。
4. 文件类型为"PNG"。
5. 单击"保存"按钮。
6. 维持默认值单击"确定"按钮。

　　存储为PNG格式有两点好处，首先，客户能看到我们抠图的成果；再则辛苦制作好的"通道"不会流出去。

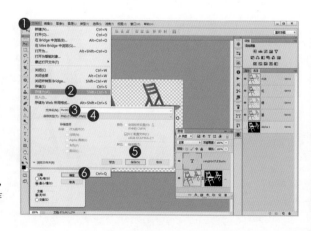

版权保护（一）
文字水印

适用版本 CS6\CC
参考案例 素材 \06\Pic002.TIF

A：加入浮雕样式

1. 打开素材文件 Pic002.TIF。
2. 单击上方的文字形状图层。
3. 单击"fx"按钮。
4. 执行"斜面和浮雕"命令。

　　大家也可以试着在文字图层上单击鼠标右键，由下拉菜单中执行"转换为形状"命令，将文字图层转换为路径形状图层，就能避免更换计算机后，系统抓不到字体的困扰！

B：套用浮雕样式

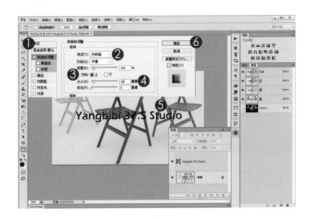

1. 打开样式对话框。
2. 选择"内斜面"样式。
3. 突出方向为"上"。
4. 大小设为"10"像素。
5. 文字边缘有明显的光晕。
6. 单击"确定"按钮。

　　除了内斜面之外，大家也可以试试其他样式，如外斜面、浮雕、枕状浮雕。至于笔画浮雕，得先加上"笔画"样式才能使用，这个比较麻烦，就先搁着吧！

C：控制文字填充色彩

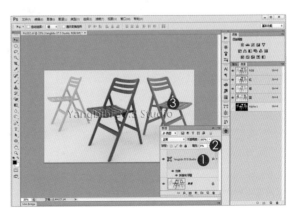

1. 单击文字形状图层。
2. 填充设为"0%"。
3. 水印现身。

　　现在大家可以试试，如果调整将不透明度调整为"0%"，文字与斜面浮雕样式会同时消失在编辑区，通通看不到。但降低填充值为"0%"只会淡化文字形状的填充色彩，而不会影响"斜面与浮雕"样式。这就是"填充"与"不透明度"两者的差异。

D：调整水印位置

1. 从菜单栏中选择"编辑"。
2. 执行"自由变换"指令。
3. 移动鼠标光标到控制框内侧，拖曳调整水印位置。
4. 单击"√"结束变形。

　　既然变形控制框都出现了，除了调整水印的位置之外，就顺手把水印的大小也拉一下吧！记得要横跨整张照片，这样会比较安全。

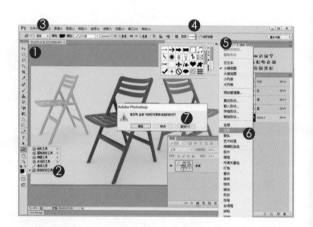

版权保护（二）图案水印

适用版本 CS6\CC
参考案例 素材\06\Pic003.TIF

A：导入形状

1. 打开素材文件Pic003.TIF。
2. 单击"自定形状工具"。
3. 模式选择"形状"。
4. 单击形状按钮。
5. 单击齿轮单选按钮。
6. 单击"全部"选项。
7. 单击"追加"按钮。

　　所有默认的形状都在"全部"选项中，因此我们一次加载，方便省事。

B：绘制形状

1. 确认模式为"形状"。
2. 填充"黑色"。
3. 描边为红色斜线表示不使用。
4. 单击形状图案。
5. 单击需要的形状。
6. 拖曳鼠标光标建立形状。
7. 添加形状图层。

　　按住Shift键不放，拖曳鼠标光标便能建立宽高比例相同的形状图案。

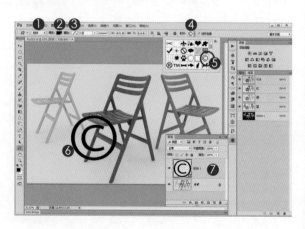

C：加入斜面浮雕

1. 确认选取形状图层。
2. 单击"fx"按钮。
3. 执行"斜面和浮雕"命令。
4. 选择"内斜面"样式。
5. 突出方向为"上"。
6. 尺寸为"10"像素。
7. 单击"确定"按钮。

　　单击形状图层右侧"fx"文字旁的三角形按钮，能收起斜面与浮雕样式图层。

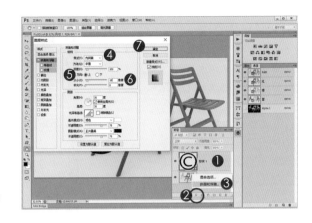

D：调整水印位置

1. 单击选取形状图层。
2. 填充值为"0%"。
3. 抽离形状图层的填充色彩。
4. 双击"斜面和浮雕"样式。
5. 重新打开样式对话框。

　　大家可以试着单击"移动工具"（红圈处），拖曳调整水印形状在影像中的位置。

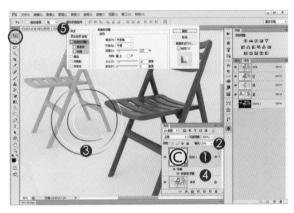

版权保护（三）
重叠式印章

适用版本 CS6\CC
参考案例 素材\06\Pic004.TIF

A：旋转形状

1. 打开素材文件Pic004.TIF。
2. 单击选取文字形状图层。
3. 从菜单栏选择"编辑"。
4. 执行"自由变换"命令。
5. 旋转角度为"-30度"。
6. 单击"√"完成变形。

　　为了确保我们能在相同的环境下操作，杨比比在文字图层上单击鼠标右键，执行"转换为形状"命令，将文字转为形状图层。

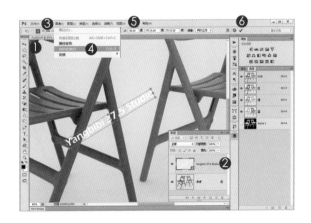

B：定义为图案

1. 单击眼睛图示关闭背景图层。
2. 单击"矩形选框工具"。
3. 拖曳框选形状范围。
4. 从菜单栏选择"编辑"。
5. 执行"定义图案"命令。
6. 输入图案的名称。
7. 单击"确定"按钮。

　　定义图案前，记得关闭不用的图层，让背景呈现灰白相间的透明状态。

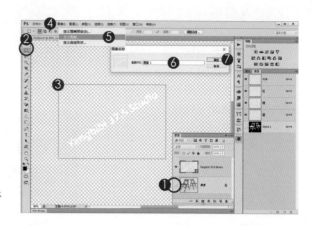

C：填入图案

1. 单击眼睛图示打开背景图层。
2. 关闭形状图层。
3. 单击"创建新图层"按钮。
4. 增加空白新图层。
5. 从菜单栏选择"编辑"。
6. 执行"填充"命令。
7. 使用"图案"。
8. 单击图案按钮选取最后一个。
9. 单击"确定"按钮。

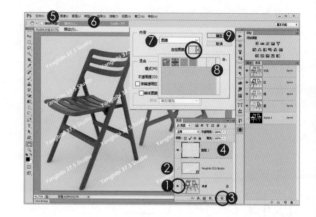

D：调整图案透明度

1. 单击选取图案填充的图层。
2. 不透明度为"50%"。
3. 填充图案呈现半透明状。

　　应该没有人愿意花时间将照片中的水印全部清除吧！这样就万无一失了！

就是比别人快一步
录制快速动作

就是比别人快一步录制快速动作

Created by Yangbibi

适用版本 CS6\CC
参考案例 素材\065\Pic005.JPG

　　试着依据案例的步骤，将常用的指令录制下来，能节省不少重复制作的时间。

A：先制作一个水印图案

1. 从菜单栏中选择"文件"。
2. 执行"新建"命令。
3. 宽度与高度都设为"600"像素。
4. 色彩模式选择"RGB"。
5. 背景内容选择"自定义"。
6. 拾色器中指定 R、G、B 的值均为 0。
7. 单击"确定"按钮。
8. 单击"确定"完成新建文件。
9. 编辑区显示黑色背景的文件。

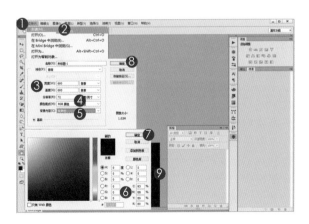

B：建立水印文字

1. 单击"横排文字工具"。
2. 在选项列中指定字体。
3. 指定文字尺寸。
4. 颜色选择"白色"。
5. 单击编辑区输入文字。
6. 单击"√"按钮完成文字输入。

　　我们先假设输出在网页中的图片尺寸宽度皆为600像素，再以此为基准，先准备好需要的文字图案水印。

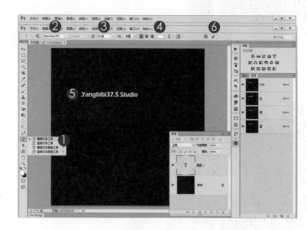

C：旋转文字角度

1. 单击文字图层。
2. 从菜单栏选择"编辑"。
3. 执行"自由变换"命令。
4. 输入旋转角度"-30度"。
5. 单击"√"完成旋转变形。

　　"一定要旋转才能制作图案吗？"哈哈！当然不是，杨比比只是认为文字旋转之后，比较有造型，而且横跨的范围更宽，大家不想旋转也行，不勉强（转一下比较好看）。

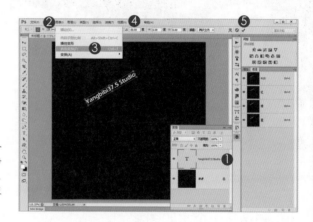

D：定义图案

1. 单击眼睛图示关闭背景图层。
2. 单击"矩形选框工具"。
3. 拖曳框选文字。
4. 从菜单栏选择"编辑"。
5. 执行"定义图案"命令。
6. 名称为"600px浮水印"。
7. 单击"确定"按钮。

　　现在适合网页图片的水印制作好了，可以准备录制我们需要的快速动作了！

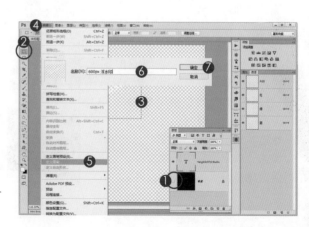

E：新增动作组合

1. 打开素材 Pic005.JPG。
2. 打开"动作"面板。
3. 单击"新增组合"按钮。
4. 名称为"拍卖专用"。
5. 单击"确定"按钮。
6. 新增"拍卖专用"组合。

　　动作组合用于存放动作，大家一定要先建立动作组合，就像是我们将文件归类在相同的文件夹内，意思是一样的。

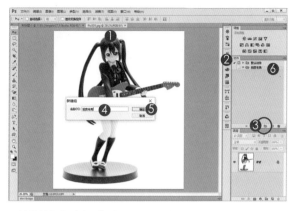

▲从菜单栏的"窗口"中打开"动作"面板

F：新增动作

1. 单击"创建新动作"按钮。
2. 名称为"填充水印"。
3. 动作放在"拍卖专用"组合。
4. 功能键选择"F8"。
5. 单击"记录"按钮。
6. 红灯亮了准备录制动作。

　　红灯亮了也别紧张，大家随时可以单击停止按钮（录制按钮左侧的方形按钮）暂停动作的录制，再次单击圆形按钮，便可继续录制。

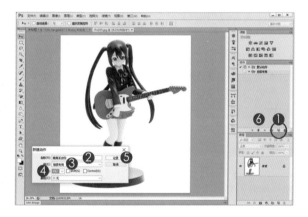

G：缩小图片

1. 从菜单栏中选择"图像"。
2. 执行"图像大小"命令。
3. 宽度设为"600"像素，高度会等比例调整。
4. 单击"确定"按钮。
5. 图像大小录制好了。

　　调整图像大小后，请双击抓手工具，将图片调整到窗口能显示的最大范围。对了！动作面板不会录制手形工具与缩放工具。

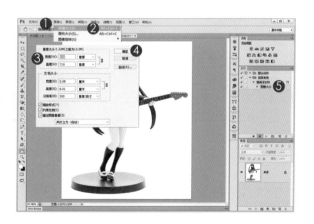

H：准备填充

1. 红灯亮着表示还在录制状态。
2. 从菜单栏选择"编辑"。
3. 执行"填充"命令。

　　有一种很冲的感觉，可能是快完稿了，心情很激动杨比比得缓一下，冲过头了，担心大家跟不上，慢一点，我们慢一点！

I：填入指定图案

1. 填充内容使用"图案"。
2. 单击自定图案按钮。
3. 选取刚刚定义的图案。
4. 模式选择"正常"。
5. 不透明度为"30"。
6. 单击"确定"按钮。

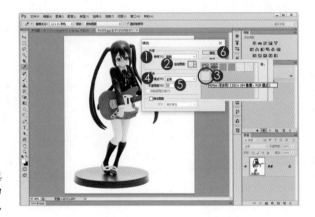

　　喜欢玩点花样的大家，可以试着勾选填充对话框下方的"脚本图案"复选框，由"脚本"下拉列表中，指定不同填充方式，玩玩看！

J：完成录制

1. 将图案直接填入背景图层中。
2. 单击方形"停止"按钮。
3. 单击填充水印动作前方的三角形图示收起动作。

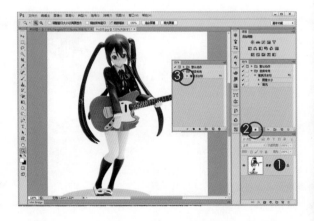

　　大家可以依据自己的需求，将文件输出到网页之前的常用动作录制下来，能减少相当多重复操作执行的时间。

K：播放动作

1. 打开素材 Pic005a.JPG。
2. 打开"动作"面板。
3. 按下快捷键"F8"即可缩小图像
   大小并加入水印图案。

    当然，如果大家喜欢，可以重新按下圆形录制按钮，多录一个"存储文件"的动作，动作面板的弹性很大，大家可以试试！

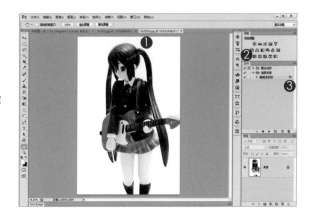

存储
水印

制作完成放置在菜单"编辑"-"填充"当中的"图案",大家得找个时间……算了,择日不如撞日,就是今天,我们把刚刚自定义的两款图案,依据下面的流程存储为一个独立的文件,方便日后重复使用。

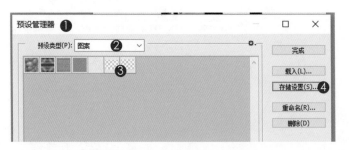

▲从菜单栏的"编辑"-"预设"菜单中执行"预设管理器"命令

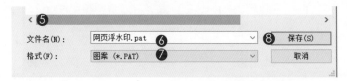

存储图案的操作流程

1. 在菜单栏"编辑"-"预设"中执行"预设管理器"命令。
2. 预设类型选择"图案"。
3. 按住"Shift"键不放,单击选取需要的图案。
4. 单击"存储设置"按钮。
5. 目前的路径不要变更。
6. 将文件命名为"网页浮水印"。
7. 保存类型选择"PAT"。
8. 单击"保存"按钮。

查看存储好的图案文件

图案存储完成后,请大家重新打开Photoshop,便能在菜单中看到存放在默认路径中的文件。

1. 单击"自定图案"缩览图。
2. 单击齿轮单选按钮。
3. "网页浮水印"选项就在菜单的最下方。

保留
录制的动作

Photoshop内所有自定义的指令、图案、笔刷都可以存储下来，但动作是比较特别的，它需要记录在动作组合中，才能整组导出。现在就请大家配合以下的流程，将刚刚建立好的动作组合导出为独立的文件。

存储图案的操作流程

1. 打开"动作"面板。
2. 单击"拍卖专用"组合。
3. 单击面板右上角的单选按钮。
4. 执行"存储动作"命令，若无法选取"存储动作"，表示没有选到动作组合。
5. 输入文件名。
6. 保存类型选择"ATN"。
7. 单击"保存"按钮。

载入动作

先说，这是Photoshop的通则，不论是从网络上下载的笔刷、图案、形状，还是刚刚存储的动作组合，都可以使用从菜单栏中选择"文件"，执行下拉列表内的"打开"指令，导入所有下载的文件或是我们自己保留下来的动作组合。

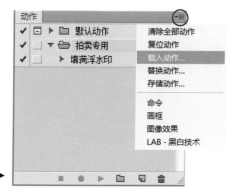

面板右上角所提供的选项，虽然也可以"加载动作"组合，▶
但是每次只能导入一个文件，比较麻烦一点

大量图片批次处理

适用版本 CS6\CC
参考案例 素材 \06\Pic006\

A：导入动作组合

1. 从菜单栏中选择"文件"。
2. 执行"打开"指令。
3. 选取"素材\06"文件夹中"拍卖专用-杨比比"动作。
4. 单击"打开"按钮。
5. 打开"动作"面板。
6. 便能看到导入的动作组合。

　　"打开"指令能同时将多个动作组合导入Photoshop，非常方便。

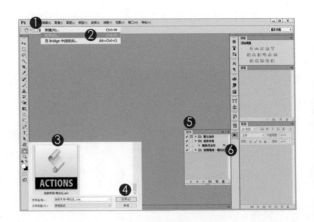

B：打开批处理

1. 单击三角形按钮展开动作组合。
2. 组合中包含四组不同的动作。
3. 从菜单栏中选择"文件"。
4. 从下拉列表中选择"自动"。
5. 执行"批处理"指令。

　　动作组合中包括缩调图像大小为600像素的"图像大小600px"、提高影像清晰度的"锐利化"、文字"浮水印"，最后一个则是含括了前面三项功能的动作。

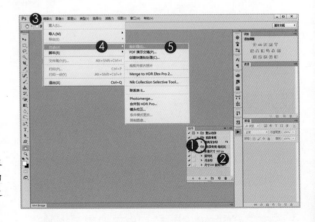

C：指定批次范围

1. 播放组选择"拍卖专用-杨比比"。
2. 播放动作选择"尺寸600 锐利浮水印"。
3. 源选择"文件夹"。
4. 单击"选择 ..."按钮，选取素材 \06\Pic006文件夹。
5. 目标选择"存储并关闭"。
6. 单击"确定"按钮。

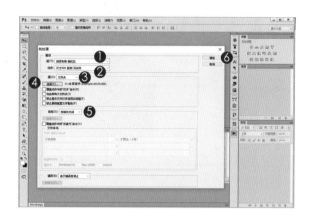

D：查看文件

1. 打开"Pic006"文件夹中的JPG 文件，可以发现三份文件已经完成，图像大小宽度600像素、锐利化、文字浮水印。

　　杨比比采用了比较简单的做法，文件批处理后，直接存放在原始文件夹内。如果大家觉得不保险，可以另外在"目标"下拉菜单中指定文件完成后存放的文件夹。

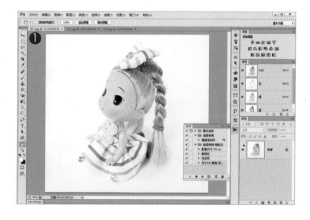

套用样板

适用版本 CS6\CC
参考案例 素材\06\Pic007.TIF

大家可以运用形状工具，制作几款简单的样板，不仅方便展示商品，也能节省不少重复调整影像范围的时间，最重要的是样板提供了极为弹性的编辑空间。

A：打开样板

1. 打开 Mini Bridge 面板。
2. 双击缩览图，打开素材 Pic007.TIF。
3. 打开"图层"面板。
4. 选取文字图层组。
5. 单击锁定按钮，锁定样板中的文字位置。

　　杨比比已经将样板中的文字转换为形状图层，并放置在同一个群组中。现在我们将文字群组锁定，避免编辑时误删文字。

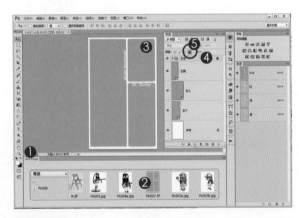

▲从菜单栏的"窗口"-"扩展功能"中打开"Mini Bridge"面板

B：置入图片

1. 单击"左侧"图层。
2. 打开 Mini Bridge 面板。
3. 拖曳（注意是拖曳）Pic007a.JPG 到编辑区。
4. Pic007a 位于"左侧"图层之上。

　　无法打开 Mini Bridge 面板的大家，请执行菜单栏"文件"选项中的"置入"指令。

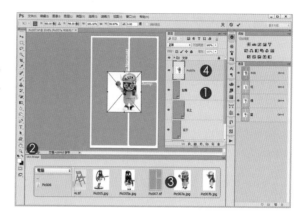

C：调整图片尺寸

1. 单击选项列中的"等比例"按钮。
2. 拖曳控制点调整图片大小。
3. 单击"√"按钮结束变形。

　　抽问一下："如果要再次调整图片尺寸，该使用哪一个指令？"没错！

D：建立剪贴蒙版

1. 在 Pic007a 图层名称上单击鼠标右键。
2. 执行"创建剪贴蒙版"命令。
3. 图片便能顺利置入下方的"左侧"图层。
4. 单击"移动工具"。
5. 拖曳调整 Pic007a 图片会限制在下方的形状范围中。

　　若是想快速调整图片尺寸，大家可以试着单击"移动工具"并打开选项列中的"显示变形控制框"，便能在图层影像外侧显示大家非常熟悉的变形控制框。

E：再次置入影像

1. 单击"右上"图层。
2. 打开 Mini Bridge 面板。
3. 拖曳 Pic007a 到编辑区。
4. 单击"等比例"按钮。
5. 拖曳调整变形控制框。
6. 单击"√"完成变形。

　　图片一定要放在想要置入的"形状图层"
之上，这样建立剪裁蒙版后，图片才会顺利
的塞进我们制作的形状范围内。

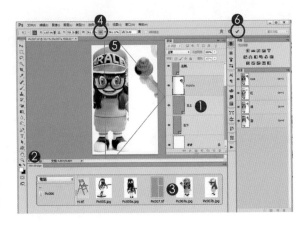

F：剪裁蒙版

1. 按住"Alt"键不放，单击图层间
   的交界线便能建立剪裁蒙版。
2. 单击"移动工具"。
3. 拖曳调整图片位置。

　　不管怎么移动位置，Pic007a 都不会超
出"右上"圆角形状图层的范围，不错吧！

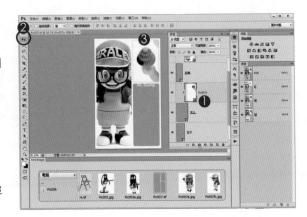

G：最后一格

1. 单击"右下"图层。
2. 拖曳 Pic007a 进入编辑区，记得等
   比例重设大小。
3. 按住"Alt"键不放，单击图层交
   界处，将 Pic007a 塞入右下形状。

　　请大家单击"移动工具"拖曳调整
Pic007a 图片在"右下"形状内的显示位置。

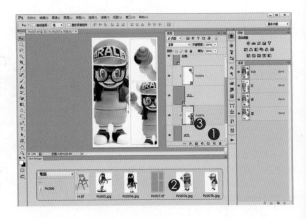

H：更换图片

1. 在 Pic007a 图层名称上单击鼠标右键。
2. 执行"替换内容"指令。
3. 选取 Pic007b.JPG。
4. 单击"置入"按钮。

请将鼠标光标移动到图层名称上，再单击鼠标右键，才能看到正确的下拉菜单。

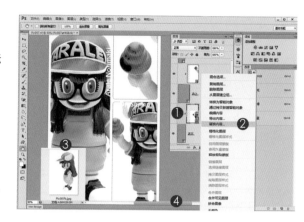

I：调整图片位置

1. 单击"移动工具"。
2. 勾选"自动选取"复选框。
3. 移动鼠标指针到编辑区，分别调整图片在形状图层中的位置。

打开"自动选取"后，移动工具可以直接调整编辑区上的图片，方便很多，大家试试！

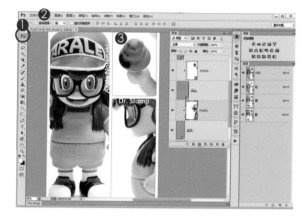

J：群组图层

1. 单击最上方的 Pic007a 图层。
2. 按住"Shift"键不放，单击最下方"右下"图层。
3. 从菜单栏中选择"图层"。
4. 执行"图层编组"指令。
5. 双击图层组名，更名为"商品图片"。

图层面板就那么点大，请记得将相同性质的图层放在一个群组，节省面板空间。对了！还得改个有意义的名称，方便日后辨识。

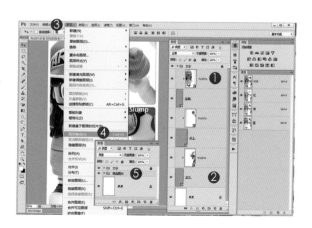

K：要存两份文件

1. 从菜单栏中选择"文件"。
2. 执行"另存为"命令。
3. 先存一份能记录图层的 TIFF 格式，再存一份放在网络上的 JPG 格式，记得按下"保存"按钮。

　　现在大家知道样板的弹性了吧！不仅能限制图片显示范围，还能随时更换图片，是快速制作卖场海报的好帮手。

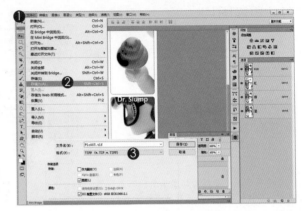

Created by Yangbibi

制作
网拍海报样板

适用版本 CS6\CC
参考案例 素材\06\Pic008.JPG

其实网络上有许多Photoshop样板可以下载（试着搜寻PSD格式），虽然方便，但不见得符合自己的需求。现在让我们一起来享受制作样板的乐趣吧！

A：建立新文件

1. 从菜单栏中选择"文件"。
2. 执行"打开"命令。
3. 宽度设为"800"像素。
4. 高度设为"1200"像素。
5. 网页分辨率设为72 像素／英寸。
6. 色彩模式选择"RGB"。
7. 背景内容选择"白色"。
8. 单击"确定"按钮。

　　800×1200不是绝对值，大家可以依据卖场常用的尺寸来调整样板文件的宽度与高度。

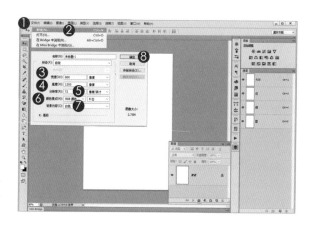

B：建立矩形形状

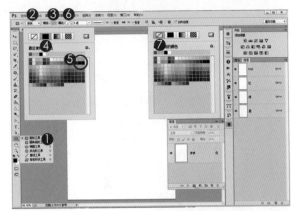

1. 单击"矩形工具"。
2. 模式选择"形状"。
3. 单击"填充"旁边的色块。
4. 指定样式为"纯色"。
5. 指定色彩为"灰色"。
6. 单击"笔画"旁边的色块。
7. 指定"无色彩"。

形状工具提供四种色彩模式，分别为：

无色彩 ——————————————— 图案

纯 色 ———————— 渐变

C：建立矩形形状图层

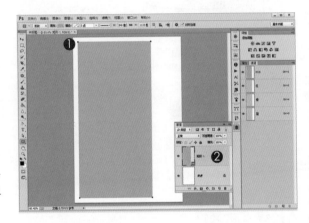

1. 拖曳鼠标光标建立矩形形状。
2. 建立形状图层。

大家可以试着双击"矩形 1"图层前方的缩览图，便能打开拾色器对话框，再次指定填色。

D：变更矩形形状大小

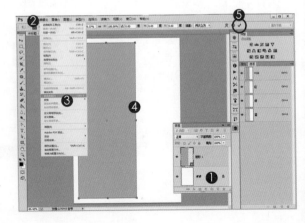

1. 单击选取"矩形 1"图层。
2. 从菜单栏选择"编辑"。
3. 执行"自由变换"命令。
4. 拖曳控制点调整矩形尺寸。
5. 单击"√"按钮完成变形。

还好吧！即便是向量的路径形状，也可以使用"自由变换工具"调整形状尺寸。

E：再来一个矩形　CC专用

1. 先单击选取"背景"图层。
2. 单击"矩形工具"。
3. 模式选择"形状"。
4. 单击"笔画"旁边的色块。
5. 单击"纯色"。
6. 指定颜色为"黑色"。
7. 笔画宽度为"1点"。
8. 拖曳拉出矩形形状。

　　使用CC版本的大家，在形状绘制完成后，可以透过"属性"面板调整路径形状的各项属性，包括填色与线宽，非常方便。

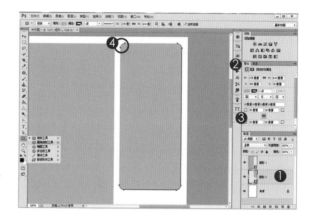

F：调整圆角　CC专用

1. 选取矩形形状图层。
2. 打开"属性"面板。
3. 输入圆角为"20"像素。
4. 立即转换为圆角矩形。

　　使用CS6版本的大家，无法直接将直角转换为圆角，得从工具箱中选取"圆角矩形"重新绘制（辛苦了）。

G：复制图层

1. 单击"矩形2形状"图层。
2. 按快捷键"Ctrl + J"复制图层。
3. 单击"移动工具"。
4. 勾选"显示变换控件"。
5. 试着拖曳控制框调整矩形形状的大小。

　　后面的流程大家可以接手自行处理，记得将文件存储为能记录图层的TIFF格式，完成后就可以准备收工了！辛苦大家了！

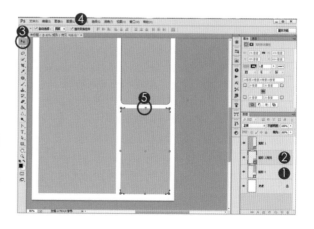

图书在版编目（CIP）数据

Photoshop商品照片抠图技法解密 ： 网店美工从菜鸟到行家 / 杨比比著. -- 北京 ： 人民邮电出版社，2018.9
ISBN 978-7-115-48863-3

Ⅰ．①P… Ⅱ．①杨… Ⅲ．①图象处理软件 Ⅳ. ①TP391.413

中国版本图书馆CIP数据核字(2018)第153238号

版权声明

内 容 提 要

本书是杨比比从事摄影教学 20 多年来后期处理心得与绝密技法的总结与分享，也是 850 万网友推荐的摄影后期教程。本书精准地抓住广大摄影爱好者对照片调整的迫切需求，精选了抠图基础工具、图层通道抠图、矢量路径抠图、商业影像修饰美化、网站商品照片后期处理等摄影爱好者们必学必备的后期处理技巧，让读者了解抠图的各项功能指令，在短时间内快速处理不同类型的影像，掌控商品的特色与美感。

无论是从事网店商品拍摄与后期修饰的专业摄影师，还是普通的数码摄影后期爱好者，都能够通过阅读本书获得灵感，迅速提高数码照片后期处理水平。

- ◆ 著　　　　　　杨比比
　　责任编辑　　张 贞
　　责任印制　　周昇亮

- ◆ 人民邮电出版社出版发行　　北京市丰台区成寿寺路 11 号
　　邮编　100164　　电子邮件　315@ptpress.com.cn
　　网址　http://www.ptpress.com.cn
　　北京市雅迪彩色印刷有限公司印刷

- ◆ 开本：700×1000　1/16
　　印张：16　　　　　　　　　　　2018 年 9 月第 1 版
　　字数：331 千字　　　　　　　　2018 年 9 月北京第 1 次印刷
　　著作权合同登记号　图字：01-2016-9400 号

定价：69.00 元
读者服务热线：**(010)81055296**　印装质量热线：**(010)81055316**
反盗版热线：**(010)81055315**
广告经营许可证：京东工商广登字 20170147 号